IMPLANTANDO UM SISTEMA DE GESTÃO DE SAÚDE E SEGURANÇA OCUPACIONAL EM CINCO ETAPAS

Daniel Bertoli Gonçalves
João Ronaldo Antônio

Sorocaba / SP
2019

Gonçalves, Daniel Bertoli

Implantando um sistema de gestão de saúde e segurança ocupacional em cinco etapas/ Daniel Bertoli Gonçalves, João Ronaldo Antonio. – Sorocaba-SP, Uniso, 2019.110 p.

Bibliografia
ISBN: 9781708355708

1. Segurança do trabalho. 2. Acidentes de trabalho. 3. Prevenção de Acidentes. 4. Saúde e trabalho. 5. Administração. 6. Programa de Pós-Graduação em Processos Tecnológicos e Ambientais – UNISO.

APRESENTAÇÃO

Atualmente tem-se observado nas médias e grandes empresas uma preocupação cada vez maior em relação à necessidade de reduzir os índices de acidentes e doenças ocupacionais, seja por causa de fatores econômicos, como custos e perdas envolvidos, seja por questões éticas e sociais. Por outro lado, a área de segurança do trabalho nunca teve o mesmo foco de aperfeiçoamento dos seus métodos e processos em comparação com áreas como a da qualidade e àquelas que se envolvem diretamente com o aumento de produtividade. Embora muitas empresas busquem ter um sistema de gestão de saúde e segurança ocupacional certificado em uma norma reconhecida internacionalmente, a certificação de um sistema de gestão por si só, não traz melhorias robustas e sustentáveis nos resultados de prevenção de acidentes da empresa, devido a ausência da cultura de prevenção. A proposta deste trabalho surgiu a partir da dissertação de mestrado profissional em Processos Tecnológicos e Ambientais do Engenheiro de Segurança João Ronaldo Antônio, que sob minha orientação, entre 2017 e 2018, buscou apresentar um modelo de sistema de gestão de SSO baseado em uma estrutura em etapas e indicadores reativos e preventivos, onde a passagem por cada uma das etapas representasse um avanço na cultura de prevenção da empresa. Construiu-se para isso um modelo de sistema de gestão estruturado em etapas e indicadores, onde indicadores e metas mínimas foram estabelecidas e avaliadas, aliadas a maturidade e robustez na utilização de metodologias de sustentação de um sistema de gestão de SSO. Os resultados foram embasados em estudos de caso, de modo a evidenciar a robustez do sistema proposto. O modelo proposto neste trabalho é uma alternativa para as empresas terem um sistema de gestão com uma estrutura baseada em pilares que sustentam a eficiência do mesmo, onde poderão ter uma noção clara da relação entre o nível de implantação do sistema versus resultados atingidos e sua consistência.

Prof. Dr. Daniel Bertoli Gonçalves
Universidade de Sorocaba

SUMÁRIO

1	**INTRODUÇÃO**	**5**
2	**FUNDAMENTOS DA PREVENÇÃO E CONTROLE DE PERDAS**	**9**
3	**ETAPA 1: INVESTIGAÇÃO DE ACIDENTES E QUASE ACIDENTES**	**15**
3.1	ACIDENTE DO TRABALHO – CONCEITO LEGAL	15
3.2	ACIDENTE DO TRABALHO – CONCEITO PREVENCIONISTA	16
3.3	ESTUDO DE CASO Nº 01 – IMPLANTAÇÃO DA METODOLOGIA 8D DE INVESTIGAÇÃO DE ACIDENTES E QUASE ACIDENTES EM UMA FÁBRICA DE DIREÇÕES AUTOMOTIVAS.	20
3.3.1	INVESTIGAÇÃO DE ACIDENTE PELO MÉTODO 8D	21
3.3.2	INVESTIGAÇÃO DE QUASE ACIDENTE PELO MÉTODO 8D	24
3.4	RECORDAÇÃO DE ACIDENTES E QUASE ACIDENTES DE SSO – LIÇÃO DE APRENDIZAGEM	30
3.5	DIVULGAÇÃO DO APRENDIZADO	31
3.6	RESULTADOS	32
4	**ETAPA 2: LEVANTAMENTO DE PERIGOS E RISCOS OCUPACIONAIS**	**36**
4.1	CONCEITUAÇÃO	36
4.2	GERENCIAMENTO DE RISCOS	39
4.3	CONTROLES, BARREIRAS E DEFESAS	41
4.4	TEORIA DO QUEIJO SUÍÇO	42
4.5	CRITÉRIOS DE CLASSIFICAÇÃO DE RISCOS	44
4.6	CRITÉRIO DE ENQUADRAMENTO NAS CLASSES DE RISCOS	45
4.7	ESTUDO DE CASO Nº 02 – IMPLANTAÇÃO DO LPRO – LEVANTAMENTO DE PERIGOS E RISCOS OCUPACIONAIS EM UMA EMPRESA METALÚRGICA – PRODUÇÃO DE DIREÇÕES AUTOMOTIVAS	47
4.7.1	LEVANTAMENTO EM CAMPO – AVALIAÇÃO QUALITATIVA DOS RISCOS AMBIENTAIS	48
4.8	CRITÉRIOS DE AVALIAÇÃO QUANTITATIVA DA PROBABILIDADE	50
4.9	CRITÉRIOS DE AVALIAÇÃO QUANTITATIVA DA CONSEQUÊNCIA	52
4.10	CLASSIFICAÇÃO DE RISCOS E MEDIDAS DE CONTROLE	54
4.11	RESULTADOS	59
5	**ETAPA 3: IMPLANTANDO UM PROGRAMA DE COMPORTAMENTO SEGURO**	**63**
5.1	CONCEITUAÇÃO	63

5.2 ESTUDO DE CASO Nº 03 – IMPLANTAÇÃO DO PROGRAMA DE COMPORTAMENTO SEGURO EM UMA FÁBRICA DE CIMENTO **67**
5.2.1 OBJETIVOS DO PROGRAMA DE COMPORTAMENTO SEGURO 68
5.2.2 RESPONSABILIDADES: 68
5.2.3 REQUISITOS BÁSICOS. 69
5.2.4 PREMISSAS DA OBSERVAÇÃO 70
5.2.5 METODOLOGIA DA OBSERVAÇÃO 71
5.2.6 ROTAS DE OBSERVAÇÃO 76
5.2.7 FREQUÊNCIA DAS ORTs E ABORDAGEM DE PESSOAS 77
5.2.8 PROGRAMAÇÃO DAS OBSERVAÇÕES 78
5.2.9 CLASSIFICAÇÃO DOS DESVIOS X GRAU DE RISCOS DOS DESVIOS 78
5.2.10 INDICADOR PROATIVO DE DESEMPENHO 80
5.2.11 TRATAMENTO DOS DESVIOS E BARREIRAS COMPORTAMENTAIS 80
5.2.12 RESULTADOS 81
6 ETAPA 4: A GESTÃO ATRAVÉS DE INDICADORES **86**
6.1 DEFINIÇÕES BÁSICAS **86**
6.2 INDICADORES UTILIZADOS PARA MEDIR O RISCO NO TRABALHO **87**
6.2.1 TAXA DE FREQÜÊNCIA (T_F) 88
6.2.2 TAXA DE GRAVIDADE (T_G) 89
6.2.3 TAXA DE IMPLEMENTAÇÃO (T_I) 91
6.2.4 FATOR DE RISCO (FR) 92
6.2.5 ÍNDICE DE COMPORTAMENTO SEGURO (I_{CS}) 93
6.2.6 IDS – ÍNDICE DE DESEMPENHO DE SEGURANÇA 95
7 ETAPA 5: SISTEMA DE GESTÃO PLENAMENTE IMPLANTADO **97**
8 CONSIDERAÇÕES FINAIS **101**
9 REFERÊNCIAS **102**
10 APÊNDICE A - TERMOS E DEFINIÇÕES **106**

1 INTRODUÇÃO

Todos os dias morrem pessoas em consequência de acidentes de trabalho ou doenças relacionadas com o trabalho - mais de 2,78 milhões de mortes por ano. Além disso, há cerca de 374 milhões de ferimentos e doenças não fatais relacionados ao trabalho a cada ano, muitos deles resultando em ausências prolongadas do trabalho. O custo humano dessa adversidade diária é vasto e o ônus econômico das más práticas de segurança e saúde ocupacional é estimado em 3,94% do Produto Interno Bruto global a cada ano (INTERNATIONAL, 2018).

No Brasil, somente em 2016, ocorreram 578.935 acidentes de trabalho, sendo que destes, 354.084 são de acidentes típicos com a abertura de CAT (Comunicação de Acidente de Trabalho), 12.502 são de doenças ocupacionais com a abertura de CAT, 108.150 de acidentes classificados como de trajeto com abertura de CAT, completando este número, os acidentes de trabalho e doenças ocupacionais sem a abertura de CAT, porém enquadrados pela Previdencia Social, totalizam 104.199. Deste total de acidentes, 2.265 resultaram em óbito (BRASIL, 2018).

A redução dos acidentes que interferem nos sistemas de produção, bem como a consequente diminuição de custos com acidentes são tarefas que se impõe nos dias de hoje tanto às empresas, como aos especialistas em prevenção e controle de perdas. (TAVARES, 2009). Uma metodologia de calculo de custos com acidentes do trabalho é demonstrada na NBR n. 14280/2001, Cadastro de Acidentes de Trabalho – Procedimento e Classificação (ABNT, 2001).

O ônus das lesões e doenças ocupacionais é significativo, tanto para os empregadores quanto para a economia em geral, resultando em perdas decorrentes de aposentadorias precoces, ausência de funcionários e aumento dos custos com seguridade social.

Outro aspecto importante, é a possibilidade de redução ou pelo menos a manutenção da aliquota do SAT – Seguro de Acidente de Trabalho , a qual através do FAP que é o Fator Acidentário de Prevenção – FAP, que é um multiplicador, atualmente calculado por estabelecimento, que varia de 0,5000 a 2,0000, a ser aplicado sobre as alíquotas de 1%, 2% ou 3% da tarifação coletiva por subclasse econômica, incidentes sobre a folha de salários das empresas para custear aposentadorias especiais e benefícios decorrentes de acidentes de trabalho. O FAP varia anualmente. É calculado sempre sobre os dois últimos anos de todo o histórico de acidentalidade e de registros acidentários da Previdência Social. Pela metodologia do FAP, as empresas que registrarem maior número de acidentes ou doenças ocupacionais, pagam mais. Por outro lado, o Fator Acidentário de Prevenção – FAP aumenta a bonificação das empresas que registram acidentalidade menor. No caso de nenhum evento de acidente de trabalho, a empresa é bonificada com a redução de 50% da alíquota. (BRASIL, 2018)

Sendo assim, existe uma preocupação cada vez maior em relação à necessidade de reduzir os índices de acidentes de trabalho nas empresas, assim como ter uma politica de saúde e segurança ocupacional , o que tem conduzido a mudanças importantes nas estratégias destas companhias no que tange a tratar este tema como assunto prioritário das operações da empresa, pois há uma percepção nítida que a prevenção de acidentes não é somente por uma necessidade para o atendimento as legislações trabalhistas, mas também um assunto estratégico de continuidade da empresa, pois está ligado diretamente a relação que a empresa mantem com as parte interessadas, tais como com os funcionários, prestadores de serviço, órgão governamentais, sociedade e muitas vezes são requisitos estabelecidos em contrato com os clientes.

Para adequarem-se a esta realidade e obterem o reconhecimento e os resultados de segurança ocupacional, as empresas comumente buscam a implantação de um sistema de gestão de saúde e segurança ocupacional com certificação reconhecida internacionalmente, como a norma OHSAS 18001, que foi recentemente substituida pela ISO 45001:2018 - Sistemas de gestão de segurança e saúde ocupacional - Requisitos com orientação para uso (ISO, 2018). Entretanto, segundo Pinto (2007), implementar um Sistema de gestão de saúde e segurança ocupacional traz benefícios como alinhamento das necessidades dos colaboradores com a política e diretrizes de segurança, transmissão de mais confiança para os clientes internos e externos e diminuição da susceptibilidade da empresa em relação aos passivos trabalhistas e de fiscalização. Contudo, para se obter sucesso na implementação desse tipo de sistema, a alta administração deve buscar, por meio de atitudes e recursos, a direta e intensa participação de todos os trabalhadores.

Desta forma, o que se observa é que as empresas na busca deste sistema de gestão certificado, o implantam geralmente num curto período de tempo, com foco exclusivo em atender aos requisitos colocados pela norma, e em função das características das auditorias de certificação e muitas vezes o perfil destes auditores, que nem sempre tem a experiência e a visão sistêmica no tema de saúde e segurança ocupacional, muitas vezes as empresas conseguem ter o sistema aprovado e certificado, não necessariamente refletindo que a empresa possua uma cultura avançada de prevenção de acidentes desdobrada em todos os níveis, assim como, ter as metodologias e ferramentas de prevenção consistentes e robustas que de fato assegurarem resultados de SSO – Saúde e Segurança Ocupacional compatíveis com um nível aceitável de segurança. Um sistema de gestão baseado em uma norma internacionalmente reconhecida tem inegavelmente inúmeros benefícios e um dos que consideramos como muito positivo, pela estrutura de como estão estabelecidos os requisitos e a amplitude dos mesmos, é a abrangência dos itens cobertos pela norma, tornando o sistema bastante completo.

Embora neste sistema baseado em uma norma, aderir a abrangência de todos os requisitos é premissa para ter o sistema de gestão aprovado, esta mesma norma permiti que as empresas decidam o aprofundamento do quanto elas acreditem ser necessário para a eficiência do seu sistema, entretanto, muita vezes, em alguns dos requisitos chaves, tornam-se bem superficiais a sua implantação, não assegurando assim os resultados consistentes e esperados de prevenção de acidentes, a qual o sistema se propõe pois nem todos os requisitos estão implantando no nível de profundidade necessário para garantir a eficiência do mesmo.

Com base nisto, o modelo proposto neste trabalho demonstra que um Sistema de gestão de Saúde e Segurança Ocupacional para ser eficiente, deve trazer os resultados esperados e necessários a que se propõe, de forma consistente e estável, e para isto, tem que basear-se em dois aspectos com o mesmo nível de importância, que são eles: a abrangência e a profundidade de sua implantação, ou seja, a abrangência do sistema deve cobrir todos os itens importantes relacionados a uma excelente gestão de SSO, entretanto, o outro aspecto tão importante quanto, é como a profundidade destes itens estão consolidados dentro do sistema, garantido os resultados, o qual é o foco do modelo do sistema apresentado neste trabalho.

Para isso, o trabalho envolveu uma pesquisa bibliográfica e outra documental, a partir de relatórios e informações documentais obtidos junto a duas empresas da região de Sorocaba, entre os anos de 2017 e 2018, que foram organizados e discutidos ao longo dos primeiros capítulos deste trabalho.

Conforme Lakatos e Marconi (2005), a pesquisa bibliográfica abrange toda bibliografia já tornada pública em relação ao tema de estudo, cuja finalidade é colocar o pesquisador em contato direto com tudo o que foi escrito, dito ou filmado sobre determinado assunto. Enquanto a pesquisa bibliográfica é uma modalidade de estudo e análise de documentos de domínio científico tais como livros, periódicos, enciclopédias, ensaios críticos, dicionários e artigos científicos, a pesquisa documental caracteriza-se pela busca de informações em documentos que não receberam nenhum tratamento científico, "como relatórios, reportagens de jornais, revistas, cartas, filmes, gravações, fotografias, entre outras matérias de divulgação" (OLIVEIRA, 2007: 69).

No tópico 2 são apresentados os fundamentos da prevenção e controle de perdas, com uma revisão bibliográfica que busca estabelecer um breve histórico sobre o tema. No tópico 3 apresentam-se os principais conceitos de acidentes de trabalho, e algumas metodologias utilizadas em suas análises, com destaque para a metodologia da ferramenta 8D (oito disciplinas), originalmente desenvolvida pela Ford Motor Company, que foi escolhida para o modelo hora proposto, e que é ilustrada por um estudo de caso documental da implantação desta metodologia em uma fábrica de direções automotivas no ano de 2017, de modo a ressaltar sua eficácia, constituindo-se, portanto, como a primeira etapa proposta.

No tópico 4 são apresentadas as principais metodologias de levantamento de perigos e riscos ocupacionais, enquanto segunda etapa, incluindo os requisitos da **norma ISO 45001:2018, e um segundo** estudo de caso documental, que traz o levantamento de Perigos e Riscos Ocupacionais na mesma empresa metalúrgica, também em 2017.

A terceira etapa é apresentada no tópico 5, que traz as principais definições sobre "Comportamento Seguro", um dos elementos essenciais para o modelo proposto, com destaque a um terceiro estudo de caso documental em uma fábrica de Cimento, que ilustra a Implantação do Programa de Comportamento Seguro em 2017.

A quarta etapa é apresentada no tópico 6, que apresenta a proposta de gestão através de indicadores preventivos e indicadores reativos, a partir de uma revisão sobre o tema, com os principais índices e equações preconizados pela NBR 14280/2001, Cadastro de Acidentes de Trabalho – Procedimento e Classificação (ABNT, 2001) e pela Organização Internacional do Trabalho – OIT.

Finalmente, no tópico 7, é apresentada a quinta e última etapa da proposta de modelo de implantação de um sistema de gestão por avanço em etapas, reunindo os elementos descritos nos capítulos anteriores, que compõem as cinco etapas do modelo proposto.

2 FUNDAMENTOS DA PREVENÇÃO E CONTROLE DE PERDAS

No inicio dos nos de 1930, o engenheiro H.W. Heinrich divulgou pela primeira vez a filosofia do acidente com danos a propriedade. Suas análises trouxeram como resultado a proporção 1:29:300, isto é, uma lesão incapacitante para 29 lesões leves e 300 acidentes sem lesões. O Engenheiro Frank E. Bird Jr., atualizou a relação de Heinrich, analisando mais de 90 mil acidentes na Siderúrgica Luckens Steel, durante o período de 1959 á 1966. Bird desenvolveu a proporção 1:100:500, ou melhor, uma lesão incapacitante para 100 lesões leves e 500 acidentes com danos à propriedade. Parte do estudo de Bird compreendeu 4 mil horas de entrevistas com supervisores de linha, abordando eventos que, sob circunstâncias um pouco diferente, pudessem resultar em lesões ou danos à propriedade: são os quase acidentes tratados por Heinrich ou os denominados incidentes na moderna técnica de controle de perdas. Ampliando o referencial do seu estudo, Bird analisou acidentes ocorridos em 297 empresas, representando 21 grupos de industrias diferentes com um total de 1.750.000 operários que trabalharam mais de 3 bilhões de horas durante o período de exposição, resultando na proporção 1:10:30:600. (TAVARES, 2009)

Dentro da metodologia de "Prevenção e Controle de Perdas", a teoria de Controle de tradicionais de segurança, enfatizam a ação administrativa na tarefa de prevenção e controle das perdas. Já a Engenharia de Segurança de Sistemas ampliando tal postura, defende que problemas técnicos prescindem de soluções técnicas. Modernamente, a divulgação e aplicação das metodologias de análise de segurança de sistemas com o auxílio da Teoria da Confiabilidade vêm consolidando o conceito de que a Prevenção e Controle de Perdas é uma diretriz de posturas administrativas, com o objetivo principal de conhecer os riscos de uma atividade e promover medidas tanto administrativas quanto técnicas para seu controle e prevenção. (ALBERTON, 1996)

As boas práticas de segurança e higiene ocupacional são importantes para evitar acidentes e garantir a saúde dos trabalhadores, tendo como "produtos" a motivação e o comprometimento (MASLOW, 1970). As boas práticas de segurança estão associadas com a melhoria das condições de trabalho, e subestimar ou ser indiferente aos riscos do ambiente de trabalho cria um ambiente propício à ocorrência de acidentes.

No Brasil, do ponto de vista legal, conforme o artigo 2º da Lei 6.367, de 19 de outubro de 1976, "Acidente do trabalho é aquele que pode ocorrer pelo exercício do trabalho a serviço da empresa, provocando lesão corporal ou perturbação funcional que cause a morte, perda, ou redução, permanente ou temporária, da capacidade para o trabalho". Porém, de acordo com o conceito prevencionista, acidente do trabalho é toda ocorrência não programada que interrompe o andamento normal do trabalho, podendo resultar em danos físicos e/ou funcionais, ou morte do trabalhador e/ou danos materiais e econômicos à empresa e ao meio ambiente (ZOCCHIO, 2002).

De acordo com Alberton (1996) Chamamos de "Prevenção e Controle de Perdas", um conjunto de diretrizes administrativas, os quais os acidentes são vistos como fatos indesejáveis, cujas causas podem ser evitadas. As doutrinas possuem visões diferenciadas sobre os acidentes, suas causas e consequências, como também sobre as medidas preventivas a serem adotadas. Porém, embora diferentes, elas têm como ponto em comum o princípio de que a atividade de segurança só é eficaz quando, conhecidas as causas dos acidentes, fixa-se a atuação sobre as mesmas, buscando a sua eliminação e necessitando para isso, o envolvimento de toda a estrutura organizacional. Nesta abordagem, considera-se que existem perdas empresariais, como produtos fora de especificação, agressão ao meio-ambiente, perdas com materiais, desperdícios e paradas de produção, que são provocadas por causas semelhantes às perdas que são ocasionadas por acidentes com lesões pessoais.

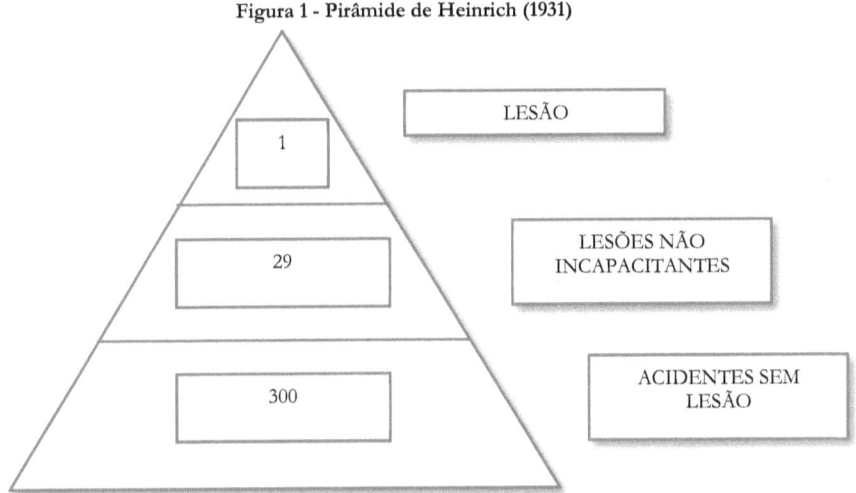

Figura 1 - Pirâmide de Heinrich (1931)

Fonte: Heinrich (1931)

Em 1947, a partir dos estudos de outro norte-americano R.H.Simonds (apud DE CICCO & FANTAZZINI, 1993), os termos custo direto e custo indireto de Heinrich foram substituídos, respectivamente, por custo segurado e custo não segurado. O método proposto por Simonds, para o cálculo dos custos de acidentes, enfatiza a realização de estudos-piloto em cada empresa, dos custos associados a quatro tipos básicos de acidentes: lesões incapacitantes, casos de assistência médica, casos de primeiros socorros e acidentes sem lesão.

Heinrich, em sua obra "Industrial Accident Prevention" (Prevenção de Acidentes Industriais), aponta que os acidentes de trabalho, com ou sem lesão, são devidos à personalidade do trabalhador, à prática de atos inseguros e à existência de condições inseguras nos locais de trabalho. Supõe-se, desta forma, que as medidas preventivas devem ater-se ao controle destes três fatores causais. Neste ponto, pode-se ter uma ideia da importância e do não esquecimento dos mecanismos tradicionais, pois o reconhecimento e identificação das causas podem ser realizados por meio da coleta de dados durante a investigação dos acidentes. O uso dos quadros estatísticos baseados nesta coleta pode ser fundamental para elaboração e programação da prevenção de acidentes.

O engenheiro Frank E. Bird Jr., em seu trabalho "Damage Control" (Controle de danos), atualizou a relação de Heinrich, analisando mais de 90 mil acidentes na Siderúrgica Luckens Steel, durante o período de 1959 a 1966 (BIRD & GERMAIN, 1968). Bird desenvolveu a proporção de 1:100:500, ou seja, para cada lesão incapacitante, havia 100 lesões leves e 500 acidentes com danos à propriedade, o que pode-se observar na figura 2.

Figura 2 - Pirâmide de Bird (1966)

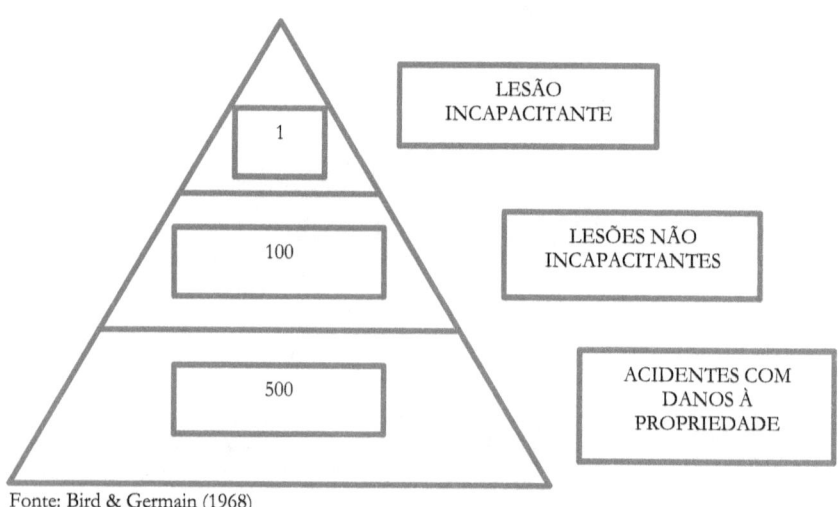

Fonte: Bird & Germain (1968)

Segundo Bird *apud* Oliveira (2010) a forma de se fazer segurança é por meio do combate a todo tipo de acidente e que a redução das perdas materiais liberará novos recursos para a segurança.

Segundo Heméritas (1981), a Segurança do Trabalho, para ser entendida como prevenção de acidentes na indústria, deve preocupar-se com a preservação da integridade física do trabalhador e também precisa ser considerada como fator de produção. Os acidentes, provocando ou não lesão no trabalhador, influenciam negativamente na produção através da perda de tempo e de outras consequências que provocam, como: eventuais perdas materiais; diminuição da eficiência do trabalhador acidentado ao retornar ao trabalho e de seus companheiros, devido ao impacto provocado pelo acidente; aumento da renovação de mão-de-obra; elevação dos prêmios de seguro de acidente; moral dos trabalhadores afetada; qualidade dos produtos sacrificada.

Seguindo-se aos estudos de Bird, em 1969, a ICNA - Insurance Company of North America (Compania de Seguros da América do Norte) analisou e publicou um resumo estatístico de dados levantados junto a 297 empresas que empregavam cerca de 1.750.000 pessoas, onde foram obtidos 1.753.498 relatos de ocorrências. Esta amostra, consideravelmente maior, propiciou chegar-se a uma relação mais precisa que a de Bird e Heinrich quanto à proporção de acidentes, além de incluir um fato novo - os quase acidentes.

Como se pode observar na figura 3, as proporções obtidas pela ICNA demonstram que, para cada acidente com lesão grave associam-se 10 acidentes com lesão leve, 30 acidentes com danos à propriedade (refere-se a danos materiais, excluí-se danos a pessoas) e 600 acidentes sem lesão ou danos visíveis - os quase acidentes. Cabe aqui ressaltar a importância da inclusão dos acidentes sem lesão ou danos visíveis, pois, por serem quase acidentes os mesmos nos revelam potenciais enormes de acidentes, ou seja, situações com risco potencial de ocorrência sem que tenha havido, ainda, a perda pessoal ou não pessoal.

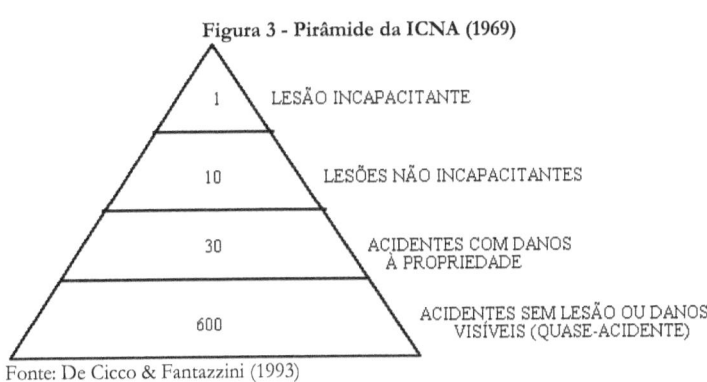

Figura 3 - Pirâmide da ICNA (1969)

Fonte: De Cicco & Fantazzini (1993)

Em 1970, os estudos de Jonh A. Fletcher e H.M. Douglas vieram aprofundar os trabalhos de Bird, propondo o estabelecimento de programas de Controle Total de Perdas, ou seja, a aplicação dos princípios do Controle de Danos de Bird a todos os acidentes com máquinas, materiais, instalações, meio ambiente, etc. sem, contudo, deixar de lado ações de prevenção de lesões. A filosofia de Fletcher era a que mais se aproximava dos modernos programas de segurança. Cabe ressaltar, que apesar de generalizar as atividades para outros campos não pessoais, os acidentes pessoais são obrigatoriamente parte integrante dos programas de segurança que seguem esta filosofia. (FLECHER, DOUGLAS 1970)

A partir de 1972, criou-se uma nova mentalidade fundamentada nos trabalhos de Willie Hammer, atentando-se para a necessidade de dar um enfoque sob o ponto de vista de engenharia às abordagens de administração e de controle de resultados preconizados por Heinrich, Bird, Fletcher e outros. Segundo Hammer (*apud* DE CICCO & FANTAZZINI, 1993), as atividades administrativas eram muito importantes, porém, existiam problemas técnicos que obrigatoriamente teriam que ter soluções técnicas.

A experiência na área de projetos e participação na força aérea e nos programas espaciais norte-americanos permitiu ao engenheiro e especialista na área de Engenharia de Segurança de Sistemas, Willie Hammer, reunirem as diversas técnicas utilizadas na força aérea e aplicá-las, após adaptação, na indústria. Estas técnicas, com alto grau de integração com a Engenharia de Confiabilidade, demonstraram ser de grande valia na preservação dos recursos humanos e materiais dos sistemas de produção. Os estudos de Hammer vieram ajudar a compreender melhor os erros humanos. Muitos desses erros eram provocados por projetos ou materiais deficientes e, por este mesmo motivo, deveriam ser debitados à organização e não ao executante - o operário. Com essa tese, Hammer (*apud* DE CICCO & FANTAZZINI, 1993) entendia que poderia explicar melhor as falhas humanas, aqui entendidas como "qualquer ação ou falta da ação que exceda as tolerâncias definidas pelo sistema com o qual o ser humano interage", e causadas por falhas de gestão, tais como: procedimentos inexistentes, desatualizados ou deficientes, instrumentação inadequada ou inoperante, conhecimento insuficiente prioridades conflitantes, sinalização inadequada, discrepâncias entre política e prática, ferramentas inadequadas, comunicação deficiente, layout inadequado e situações ante-ergonômicas de projeto.

As causas dos acidentes de trabalho tem sido também objeto de estudo da disciplina científica Ergonomia, que segundo a Associação Internacional de Ergonomia *(Ergonomics Research Society)* é o estudo do relacionamento entre homem e o seu trabalho, equipamento e ambiente e, particularmente, a aplicação dos conhecimentos de anatomia, fisiologia e psicologia na solução dos problemas surgidos desse relacionamento (SALIBA, 2010). A Associação Internacional de Ergonomia foi criada em 1959 em Oxford, cujos estudos deram origem à diversas normas e regulamentações nacionais, como é o caso da Norma Regulamentadora NR17, do atual "Ministério do Trabalho e Previdência Social", publicada em 1978, que dispõe sobre a utilização de materiais e mobiliário, condições ambientais, jornada de trabalho, pausas, folgas e normas de produção. (BRASIL, 2018b)

3 ETAPA 1: INVESTIGAÇÃO DE ACIDENTES E QUASE ACIDENTES

3.1 Acidente do trabalho – Conceito legal

Do ponto de vista legal, para fins de concessão de benefícios da previdência, o acidente de trabalho é aquele que ocorre no exercício do trabalho a serviço da empresa, provocando lesão corporal ou perturbação funcional que cause a morte ou a perda ou redução, permanente ou temporária, da capacidade para o trabalho conforme art. 19 da Lei n. 8.213/91 (BRASIL, 1991). Portanto, somente os acidentes que provocam lesão no empregado a serviço da empresa são considerados pela referida lei para fins de benefício da Previdência Social. Já do ponto de vista prevencionista, todo acidente, independente de causar lesão, deve ser considerado para fins estatísticos e de investigação de causas.

A doença do trabalho ou profissional equipara-se ao acidente de trabalho para fins legais. O art. 19 da Lei n. 8.213/91 (BRASIL, 1991) define a doença profissional como aquela produzida ou desencadeada no exercício do trabalho peculiar em determinada atividade e constante da respectiva relação elaborada pelo Ministério do Trabalho e da Previdência Social, enquanto doença do trabalho é aquela adquirida ou desencadeada em função das condições especiais em que o trabalho é realizado e com ele se relacione diretamente. A relação das doenças do trabalho ou profissionais em função dos agentes patogênicos e da atividade desenvolvida encontra-se no anexo II do Decreto n. 3.048/99 (BRASIL, 1999). (SALIBA, 2010)

3.2 Acidente do trabalho – Conceito Prevencionista

Do ponto de vista legal, a lesão é requisito necessário para que haja caracterização de acidente do trabalho. Do ponto de vista prevencionista, acidente de trabalho é a ocorrência imprevista e indesejável, instantânea ou não, relacionada ao exercício do trabalho, de que resulte ou possa resultar lesão pessoal (NBR n. 14280/2001, Cadastro de Acidentes de Trabalho – Procedimento e Classificação – ABNT, 2001). Sendo assim, mesmo os acidentes que não acarretam lesões são considerados para fins de prevenção. Desse modo, os acidentes podem resultar em lesões, danos materiais e quase acidente. O quase acidente, também denominado incidente crítico, é qualquer evento ou fato negativo com potencialidade de provocar dano; por exemplo: em um cruzamento, um dos motoristas não obedece à sinalização. (SALIBA, 2010)
De acordo com a **norma ISO 45001:2018 - Sistemas de gestão de segurança e saúde ocupacional - Requisitos com orientação para uso** (ISO, 2018), incidente é um evento relacionado ao trabalho no qual uma lesão, dano a saúde ou fatalidade tenha ocorrido ou possa ocorrer, independente da severidade da consequência. Um acidente é um incidente que teve como resultado uma lesão, um dano a saúde ou uma fatalidade. Enquanto um incidente, que não teve como consequência uma lesão, dano a saúde ou fatalidade, também pode ser denominado como "quase acidente". Uma situação de emergência é um tipo particular de incidente.
A análise e a investigação dos acidentes de trabalho consistem em um estudo detalhado do fato danoso de modo que encontre suas causas e, por consequência, adote meios de prevenção visando a evitar a ocorrência de acidentes similares e melhorar as medidas de prevenção. Todos os acidentes devem ser investigados, incluindo aqueles que não provocam lesão, ou seja, os chamados de incidentes ou quase acidentes, pois, como vimos anteriormente, a

probabilidade de acontecer o acidente com lesão aumenta em função do número de incidentes. A análise e a investigação dos acidentes devem ser realizadas de maneira imparcial, sem a preocupação de encontrar um culpado, pois sua finalidade é a prevenção e a melhoria do controle dos riscos. Assim, o estudo do falto danoso deve ser detalhado e aprofundado em todos os aspectos, visando a definir a causa real de sua ocorrência. Todo o evento deve ser investigado mesmo que aparentemente não seja relevante. Para auxiliar os profissionais nessa investigação foram elaborados vários métodos; dentre eles, os de análise barreiras, análise de mudanças, árvore de falhas e o diagrama de causa e efeito. Estas técnicas fornecem um arcabouço que ajuda a equipe a estruturar e sistematizar a coleta de informações. A aplicação dos métodos não é simples, pois muita vezes o levantamento dos fatos é insuficientemente para chegar à causa básica dos acidentes. (SALIBA, 2010)

Método de árvore de causas: Esse método é reconhecido internacionalmente como instrumento eficaz para investigação de acidentes/quase acidentes e consiste em uma metodologia prática que se aplica por meio da construção de diagramas que relacionam fatores do acidente e os riscos que contribuíram para esse acidente. A árvore normalmente é construída de cima para baixo, partindo do último evento – acidente/quase acidente e, a partir deste registro, vamos definindo os antecedentes imediatos. (SALIBA, 2010)

Método de causa-efeito: Esse método consiste na análise das causas do acidente por meio da construção de um diagrama do efeito (acidente) e das causas. É conhecido como diagrama de Ishikawa ou Espinha de Peixe, uma vez que o acidente não é provocado por uma única causa, mas por um conjunto de fatores que desencadeia todo o fato. No diagrama usam-se seis causas: mão de obra, método, máquinas, meio ambiente, materiais e medidas. (WERKEMA, 2002)

Método 5 porquês: Criado pelo engenheiro Taiichi Ohno, um dos principais responsáveis pela criação da Metodologia Toyota de Produção, o método 5 porquês busca determinar a causa raiz de um problema. Segundo Ohno (1997), repetindo porquê cinco vezes, desta forma, pode ajudar a descobrir a raiz do problema e corrigi-lo.

Método 8D (8 disciplinas): A metodologia da ferramenta 8D (oito disciplinas), corresponde a sua facilidade de resolver problemas complexos visando a melhoria contínua de um produto ou de um processo. A metodologia é processada em oito disciplinas e enfatiza a sinergia das pessoas envolvidas. Originalmente foi desenvolvida pela Ford Motor Company, o qual o mesmo combinou vários elementos de outras técnicas de resolução de problemas para moldar as oito disciplinas, sendo ela instituída na Ford em 1987 na manual intitulado: *Team Oriented Problem Solving (TOPS)* (MARCHINI s.d.).

Conforme Marchini [s.d.], definimos a metodologia 8D (8 Dimensões) para aplicação no estudo de caso, em função da mesma ser abrangente e ainda agrupar todos os campos de informações necessários para a realização de uma investigação e análise de acidentes completa, conforme definições da ISO 45001:2018 - Sistemas de gestão de segurança e saúde ocupacional - Requisitos com orientação para uso (ISO, 2018). A ferramenta 8D classifica-se da seguinte maneira:

D1. Equipe de abordagem / Dados ocorrência - Estabelecer um pequeno grupo de pessoas com conhecimento, disponibilidade de tempo, autoridade e competência para resolver o problema e implementar ações corretivas. O grupo deverá selecionar um líder de equipe;

D2. Descrever o problema - Descrever o problema em termos mensuráveis. Especificar de maneira clara e objetiva os problemas que ocorreram tanto internos quando externos da empresa;

D3. Implementar e verificar a curto prazo as ações de contenção - Definir e implementar as ações intermediárias que irão proporcionar ao cliente a proteção pelas ações defeituosas, não ocasionando a perda significativa do mesmo, até que a ação corretiva permanente é implementada. Verifique com os dados da eficácia dessas ações;

D4. Definir e verificar as causas - Identificar todas as causas potenciais que poderiam explicar porque ocorreu o problema. Aplicar e Testar cada causa potencial contra a descrição do problema e dos dados. Identificar alternativas de ações corretivas para eliminar a causa raiz;

D5. Implementar as ações corretivas - Definir e implementar as ações corretivas necessárias permanentes para a eliminação total do problema na causa raiz. Escolha os controles para garantir que a causa seja eliminada. Acompanhar os efeitos a longo prazo e implementar controles adicionais, se necessário;

D6. Verifique as ações corretivas - Confirmar que as ações corretivas aplicadas resolverão o problema para o cliente ou fornecedor e não irão causar efeitos colaterais indesejáveis. Definir outras ações, se necessário, com base na gravidade potencial do problema;

D7. Prevenir a recorrência - Modificar as especificações, o treinamento de colaboradores, o fluxo de trabalho, melhorarem as práticas e procedimentos para prevenir a recorrência deste e de todos os problemas semelhantes;

D8. Lição de aprendizagem - Reconhecer os esforços coletivos da equipe. Divulgue sua realização e compartilhar o conhecimento e aprendizado com toda a equipe envolvida, para auxiliar em possíveis falhas ou erros semelhantes que possam vir ocorrer.

No tópico seguinte são apresentadas informações de um caso de investigação de acidentes e outro de quase acidentes em uma Fábrica de máquinas agrícolas do interior do estado de São Paulo, realizado pelos autores no ano de 2017, com o uso da Metodologia 8D.

3.3 Estudo de caso nº 01 – Implantação da Metodologia 8D de investigação de acidentes e quase acidentes em uma Fábrica de direções automotivas.

O presente estudo de caso foi realizado no ano de 2017 em uma empresa metalúrgica, do ramo de direções hidráulicas automotivas para veículos pesados, aqui denominada Empresa X. O processo operacional consiste em receber as matérias primas compostas de peças prontas e semi-prontas que passam por processos de usinagem em centros de usinagem, fresas, mandrilhadoras, tanques de lavagem, tratamento térmico, pintura, montagem, inspeção final e seguem para embalagem e expedição.

Figura 4 – Fluxo Processo de Fabricação da Direção Hidráulica na empresa X.

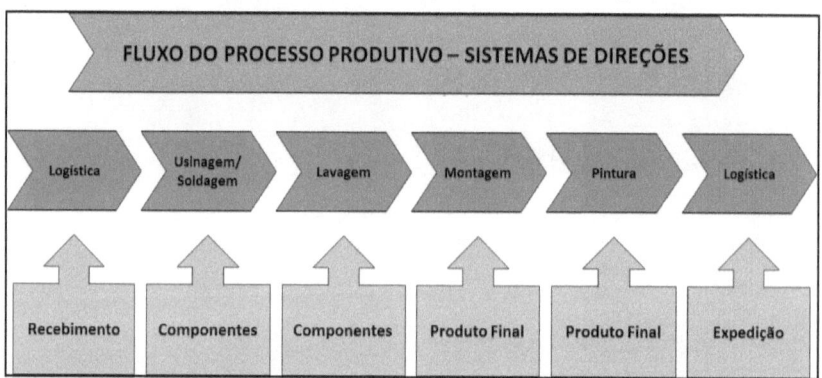

Fonte: Elaborado pelos autores (2018)

A aplicação de um método adequado de investigação de acidente e quase acidente possibilita a analise das causas, incluindo a identificação da causa raiz, o qual será assim determinado, as ações de contenção, ações corretivas, assim como as ações de abrangência. O uso de um método de investigação de acidentes, sendo escolhido, a metodologia 8D (8 Dimensões), em um caso real de acidente, que será demonstrado como exemplo da aplicação do método, da mesma forma, em outro exemplo, de um caso real de quase acidente, que também será aplicado o método.

3.3.1 Investigação de acidente pelo Método 8D

Na empresa, a aplicação da metodologia 8D envolveu o preenchimento de um Formulário pela equipe responsável, que está detalhado nos Quadros 1 a 8.

Quadro 1 - Equipe de abordagem / Dados da ocorrência (D1)

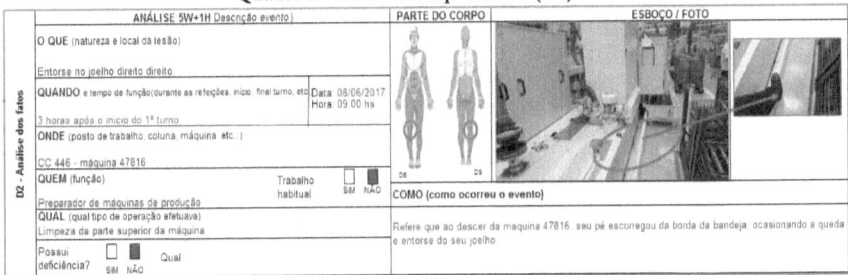

Fonte: Empresa X (2017)

O Quadro 1 traz a primeira parte do formulário, com a identificação do envolvido, do responsável pela análise, e do local onde ocorreu o acidente.

Quadro 2 - Descrever o problema (D2)

Fonte: Empresa X (2017)

O Quadro 2 traz a segunda parte do formulário, com a descrição do acidente e uma análise 5W+1H, incluindo imagens que ajudam a sua identificação.

Quadro 3 - Implementar e verificar a curto prazo as ações de contenção (D3)

	Ações imediatas / contenção	Responsável	Data	Status	Notas
D3 - Contenção	Realização de Diálogo de Segurança com equipe sobre a ocorrência;		09/06/2017	OK	
	Orientação da equipe sobre os riscos de acessar partes de máquina e instalações sem a devida avaliação de risco;		09/06/2017	OK	

Fonte: Empresa X (2017)

O Quadro 3 traz a terceira parte do formulário, com o estabelecimento de ações de contenção, ou seja, ações que evitem novas ocorrências, antes de conhecer as causas.

Quadro 4 - Definir e verificar as causas (D4)

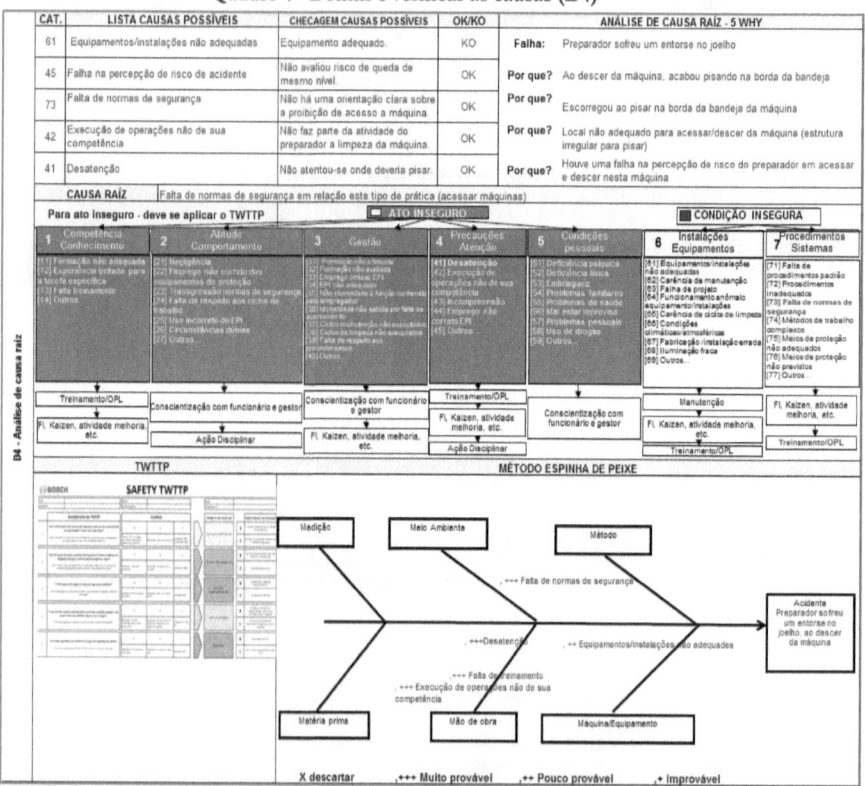

Fonte: Empresa X (2017)

O Quadro 4 traz a quarta parte do formulário, com as ferramentas de análise das causas do acidente, incluindo a identificação da causa raiz. Neste quadro estão as metodologias: 5WHY, Método espinha de peixe, Safety TWTTP e Quadro de análise das classes de ato e condição insegura.

Quadro 5 - Implementar as ações corretivas (D5)

	Ações corretivas	Responsável	Data	Status	Notas
D5 - Ações corretivas	Treinar os envolvidos sobre percepção de riscos em queda de diferente níveis.		21/06/2017	OK	
	Elaboração de LUP (Lição de um Ponto) para o caso da necessidade de acessar a máquina 47816		28/06/2017	OK	
	Treinamento de todos os envolvidos na máquina nesta LUP.		30/06/2017	OK	
	Sinalizar a máquina com visual aid sobre o risco de queda de diferente níveis no acesso desta máquina.		30/06/2017	OK	
	Desenvolver dispositivo para acesso seguro ao segundo patamar da máquina 47816.		30/06/2017	OK	

Fonte: Empresa X (2017)

O Quadro 5 traz a quinta parte do formulário, onde são descritas as ações corretivas, as quais são definidas para eliminação de forma definitiva das causas que levaram ao acidente.

Quadro 6 - Verificar a eficácia das ações corretivas (D6)

	RESULTADOS ALCANÇADOS		CHECAGEM REALIZADA POR	DATA	ASSINATURA	NOTAS
D6 - Comprovação da eficácia	Nos últimos 3 meses verificaram-se eventos determinados pela mesma causa raiz?	SIM ☐ NÃO ■		30/09/2017		
	Em caso de resposta afirmativa indicar na tabela abaixo o plano de ação suplementar					
	PLANO DE AÇÃO SUPLEMENTAR (caso necessário)		Responsável	Data Prevista	Data Fechamento	NOTAS
	RESULTADOS ALCANÇADOS		CHECAGEM REALIZADA POR	DATA	ASSINATURA	NOTAS
	Nos últimos 3 meses verificaram-se eventos determinados pela mesma causa raiz?	SIM ☐ NÃO ☐				

Fonte: Empresa X (2017)

O Quadro 6 traz a sexta parte do formulário, para checagem das efetividade das ações corretivas, após no máximo três meses de implantação. Caso seja constatado que uma ou mais das ações não foi efetiva, um plano de ação suplementar deverá ser elaborado, incluindo na checagem de resultados.

Quadro 7 - Prevenir a recorrência (D7)

	Ações preventivas e abrangências	Responsável	Data	Status	Notas
D7 - Ações preventivas e abrangências	Desenvolver material de treinamento especifico sobre riscos relacionados a queda de diferentes níveis;		15/07/2017	OK	
	Realizar treinamento sobre percepção de riscos em queda diferentes níveis para toda a fábrica;		30/07/2017	OK	
	Levantar os locais da fábrica de acesso em máquina em condições inadequadas;		25/07/2017	OK	
	Sinalizar a máquina com visual aid sobre o risco de queda de diferente níveis em todos estes locais.		30/07/2017	OK	
	Incluir na ITS - Instrução de Trabalho o risco de acesso em máquinas / queda de diferente nível.		30/07/2017	OK	

Fonte: Empresa X (2017)

O Quadro 7 traz a sétima parte do formulário, com a descrição das ações de abrangência, ou seja, ações de prevenção em outros postos/locais, com potencial de ocorrer o mesmo tipo de acidente.

Quadro 8 - Lição de aprendizagem (D8)

	Gerente Área:	Coordenador Equipe :	Funcionário:	Eng. Seg. Trab.
D8 - Lição de aprendizado	Supervisor da Área:	Engenharia de Processos:	Cipeiro:	Téc. Seg. Trab.

Fonte: Empresa X (2017)

O Quadro 8 traz a oitava parte do formulário, com a equipe de investigação e aprovação do relatório, assim como responsáveis por garantir a replicação da ocorrência como lição de aprendizado em toda a empresa.

A aplicação deste método possibilitou estabelecer uma sistemática robusta de análise e investigação de acidentes, haja vista, compreender uma ampla classe de dimensões, o que a torna bastante abrangente e confiável, direcionando de forma muito assertiva as ações a serem tomadas para evitar novos acidentes pelas mesmas causas.

3.3.2 Investigação de quase acidente pelo Método 8D

Assim como no tópico anterior, os Quadros 9 a 16 detalham o Formulário preenchido pela equipe responsável, seguindo o Método 8D, para o caso de um quase acidente.

Quadro 9 - Equipe de abordagem / Dados da ocorrência (D1) – Quase acidente

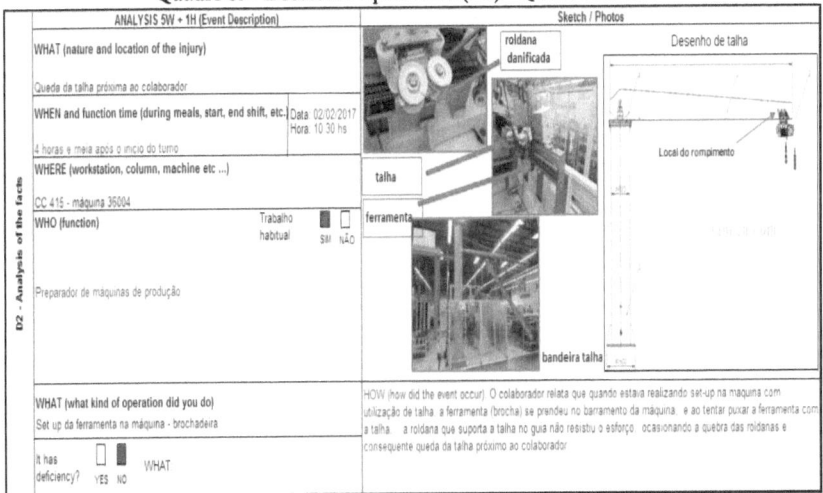

Fonte: Empresa X (2017)

O Quadro 10 traz a primeira parte do formulário, com a identificação do envolvido, do responsável pela análise, e do local onde ocorreu o quase acidente.

Quadro 10 - Descrever o problema (D2) - Quase acidente

Fonte: Empresa X (2017)

O Quadro 11 traz a segunda parte do formulário, com a descrição do quase acidente e uma análise 5W+1H, incluindo imagens que ajudam a sua identificação.

Quadro 11 - Implementar e verificar a curto prazo as ações de contenção (D3) - Quase acidente

	Ações imediatas / contenção	Responsável	Data	Status	Notas
D3 - Contenção	Isolamento da área e interdição da brochadeira até avaliação do fabricante da talha.		02/02/2017	●	
	Elaboração pelo fabricante de laudo técnico com as causas do acidente		28/02/2017	●	
	Diálogo de segurança sobre riscos na operação de talha e ponte rolante com todas as áreas ;		03/02/2017	●	
	Inspeção pelo HSE e manutenção das condições inseguras das talhas e pontes da fábrica;		31/03/2017	●	
	Orientar atuação com 2 operadores para suspender e movimentar a Brocha durante Setup (Definir Procedimento)		22/03/2017	●	Realizado remoção de ferramentas em 2 operadores no dia 22/03/2017. Situação poderá ser revista após as demais ações e somente poderá ser executada com acompanhamento durante o dia pelo time de segurança de trabalho no caso de
	Realizar Setup apenas durante o dia com o acompanhamento do time de investigação (Engenharia, manutenção, HSE e Produção)		22/03/2017	●	

Fonte: Empresa X (2017)

O Quadro 12 traz a terceira parte do formulário, com o estabelecimento de ações de contenção para o quase acidente, ou seja, ações que evitem novas ocorrências, antes de conhecer as causas.

Quadro 12 - Definir e verificar as causas (D4) - Quase acidente

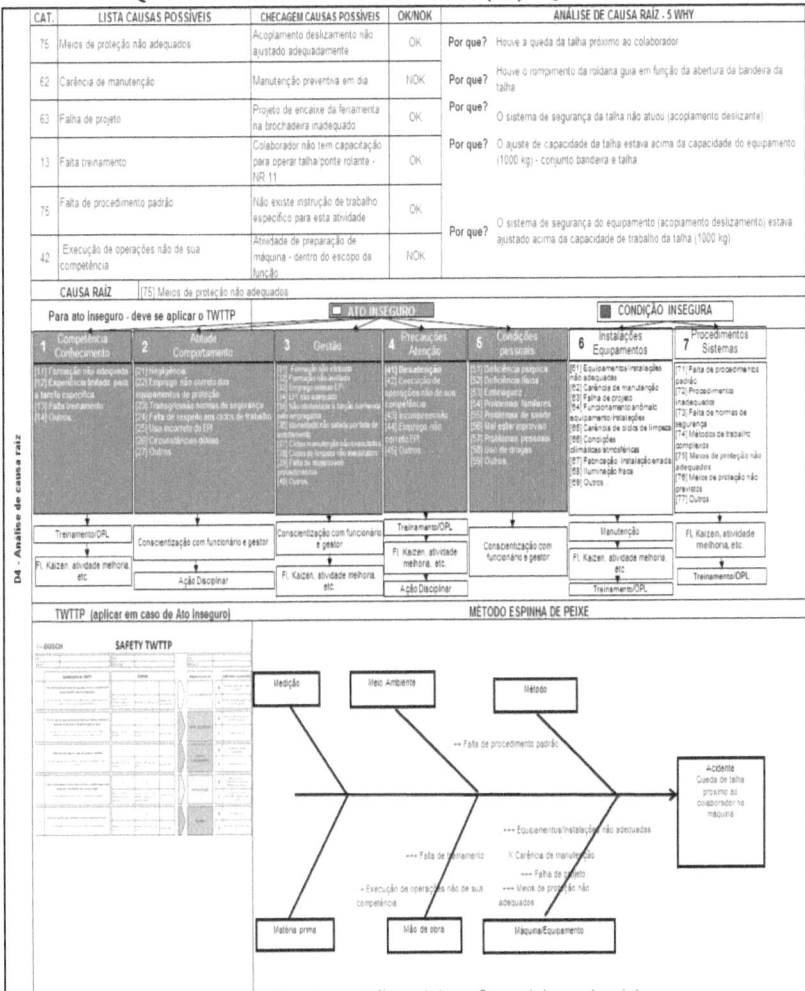

Fonte: Empresa X (2017)

O Quadro 13 traz a quarta parte do formulário, com as ferramentas de análise das causas do quase acidente, incluindo a identificação da causa raiz. Neste quadro estão as metodologias: 5WHY, Método espinha de peixe, Safety TWTTP e Quadro de análise das classes de ato e condição insegura.

Quadro 13 - Implementar as ações corretivas (D5) - Quase acidente

	Ações corretivas	Responsável	Data	Status	Notas
D5 - Ações corretivas	Testar carga superior a 1.000 Kg (teste interno - Bosch AS)		21/03/2017	●	Realizado teste com carga de 1810 Kg, e motor patinou como previsto. Time envolvido: Robson Nunes, Fabio Silva, Adilson Santos, Claudio Bazan.
	Adquirir novo controle remoto com opção de velocidade reduzida.		-	●	Realizado internamente pela manutenção, controle já possui essa função.
	Melhorar o "convite" de encaixe 'T' para a ferramenta no cavalete mecânico.		20/04/2017	●	Emitida RC 4300130380 para construção de novo suporte.
	Avaliar sistema com atuadores para nivelamento da ferramenta. (Ação pode vir a ser eliminada com após avaliação do item 7)		Aguardando Item 7	●	
	Aumentar curso do cabo do controle remoto. (Cabo de Energia + Cabo de Aço)		31/03/2017	●	Comprar Cabo de aço para prolongamento do curso do controle remoto.
	Identificar e Nivelar carga das Brochas		31/03/2017	●	Finalizando checagem de nivelamento das cargas.
	Avaliar cinta/dispositivo de suspensão de cargas ajustável para compensação de desnivelamento de carga. (Ação pode eliminar item 4)		Aguardando Itens 3 e 14	●	-
	Retrabalhar suporte do cabo de energia para evitar colisão do mesmo com a coluna principal e retrabalhar posição do stop mecânico para o braço da talha.		26/03/2017	●	Alterar posição do guia de fixação dos cabos elétricos
	Treinar operadores conforme norma para operação de talhas e pontes rolantes.		30/03/2017	●	Turmas iniciadas em julho/2017
	Realizar a liberação do posto de trabalho com o fornecedor.		-	●	-
	Apresentar modelos de bastão de movimentação de cargas.		28/06/2017	●	Fornecedor cadastrado nessa data 28/06/2017
	Utilizar bastão de movimentação de cargas		28/07/2017	●	Fabricação já liberada por compras emitir RC até 30/06/2017

Fonte: Empresa X (2017)

O Quadro 14 traz a quinta parte do formulário, onde são descritas as ações corretivas, as quais são definidas para eliminação de forma definitiva das causas que levaram ao quase acidente.

Quadro 14 - Verifique a eficácia das ações corretivas (D6) - Quase acidente

	RESULTADOS ALCANÇADOS		CHECAGEM REALIZADA POR	DATA	ASSINATURA	NOTAS
	Nos últimos 3 meses verificaram-se eventos determinados pela mesma causa raiz?	SIM ☐ NÃO ☐		25/10/2017		
D6 - Comprovação da eficácia	Em caso de resposta afirmativa indicar na tabela abaixo o plano de ação suplementar					
	PLANO DE AÇÃO SUPLEMENTAR (caso necessário)		Responsável	Data Prevista	Data Fechamento	NOTAS
	RESULTADOS ALCANÇADOS		CHECAGEM REALIZADA POR	DATA	ASSINATURA	NOTAS
	Nos últimos 3 meses verificaram-se eventos determinados pela mesma causa raiz?	SIM ☐ NÃO ☐				

Fonte: Empresa X (2017)

O Quadro 15 traz a sexta parte do formulário, para checagem das efetividade das ações corretivas, após no máximo três meses de implantação. Caso seja constatado que uma ou mais das ações não foi efetiva, um plano de ação suplementar deverá ser elaborado, incluindo na checagem de resultados.

Quadro 15 - Prevenir a recorrência (D7) - Quase acidente

	Ações preventivas e abrangências	Responsável	Data	Status	Notas
D7 - Ações preventivas e abrangências	Inspeção pelo HSE e manutenção das condições inseguras das talhas e pontes da fábrica.		30/07/2017	●	
	Implantação de check list de pré-uso para os operadores de talhas e pontes rolantes		30/08/2017	●	
	Treinar 100% dos colaboradores que operam talhas e pontes rolantes, conforme NR 11		30/07/2018	●	
	Implantação de crachás de identificação de autorização para operadores de talhas e pontes rolantes		30/08/2017	●	

Fonte: Empresa X (2017)

O Quadro 16 traz a sétima parte do formulário, com a descrição das ações de abrangência, ou seja, ações de prevenção em outros postos/locais, com potencial de ocorrer o mesmo tipo de quase acidente.

Quadro 16 - Lição de aprendizagem (D8) - Quase acidente

	Gerente Área:	Coordenador Equipe:	Funcionário	Eng. Seg. Trab
D8 - Lição de aprendizagem	Supervisor da Área:	Engenharia de Processos	Cipeiro	Téc. Seg. Trab

Fonte: Empresa X (2017)

O Quadro 17 traz a oitava parte do formulário, com a equipe de investigação e aprovação do relatório, assim como responsáveis por garantir a replicação do quase acidente como lição de aprendizado em toda a empresa.

Neste caso do quase acidente, a aplicação deste método diferencia-se da anterior por possibilitar a identificação das causas de um potencial acidente, ou seja, tem um foco bastante preventivo, pois embora a ocorrência não tenha levado a nenhum dano ou uma lesão, a empresa entende a importância de tratar estes casos de forma tão robusta, como um acidente, conforme teoria de prevenção de perdas e danos citados no capitulo 1 deste trabalho.

3.4 Recordação de acidentes e quase acidentes de SSO – Lição de Aprendizagem

O objetivo da recordação de acidentes/quase acidentes, conforme Figura 4 – Recordação de acidentes/quase acidente, é disseminar para os todos os trabalhadores as soluções internas e externas dos acidentes e capturar o aprendizado nas atividades do dia a dia buscando evitar a sua reincidência ou materialização: ampliar as percepções de riscos dos trabalhadores, demonstrar valor da prevenção, dado pela empresa e utilizar os acidentes, como entrada, nas análises críticas do sistema.

Figura 5 - Recordação de acidentes/quase acidente

ACCIDENT REPORT

Unidade: Robert Bosch Direção Automotiva Ltda
Departamento: CC 705 **Supervisor:**
Cargo Acidentado: Técnico de Protótipos Sr **Data do Acidente:** 08/05/2017 **Hora:** 09:00 **Dia Semana:** Segunda feira
Tipo de caso: ART (Acidente com Restrição de Trabalho) **Causa provável:** Condição e Atitude abaixo do padrão
Parte do corpo afetada: 4º dedo da mão direita **Natureza da lesão:** Ferimento Corte Contusão

Providências para evitar recorrência:
Ações imediatas:
- Dialogo com os funcionário sobre a ocorrência e as ações tomadas.
- Cobrar e fiscalizar a utilização de luvas adequada para esse tipo de manuseio (PVC).
- Reposicionar as embalagens com peças no local destinado para seu armazenamento.

Ações corretivas:
- Segregar ou adequar o carrinho utilizado para o padrão existente.
- Elaborar instrução de trabalho contemplando os EPI,s adequados e equipamentos corretos para realização de transbordos.

Participantes a serem convocados para o estudo: Coordenação, Segurança do Trabalho e CIPA
Descrição da ocorrência: Refere que ao colocar uma carcaça de direção sobre um carrinho, prensou seu dedo entre a peça e a base do carrinho.
Técnico de Segurança:

| Embalagem de onde estava retirando as carcaças de direções | Carrinho utilizado para o transporte | Simulação do momento da prensagem |

Fonte: Elaborado pelos autores (2017)

3.5 Divulgação do aprendizado

Os acidentes ou quase acidentes após investigados devem ser divulgados utilizando do modelo de Lição de Aprendizagem de Acidente/ Incidente, experiência que deve ser capturada pelas demais áreas e/ou unidades, através das conversações diárias nos setores, eventualmente alteração nos procedimentos operacionais e treinamentos. O Quadro 17 com as tratativas de acordo com cada um dos níveis da Pirâmide de Segurança demonstra os critérios, responsáveis e prazos de comunicação e divulgação das ocorrências de acidentes, quase acidentes e os demais níveis de report relacionados ao programa de prevenção de perdas e danos, conforme teoria citada no capitulo 1 deste trabalho.

Quadro 17 - Tratativas de acordo com cada um dos níveis da Pirâmide de Segurança

TIPO	Ferramenta de investigação	REPORT	Relatório investigação concluído	cadastro no IMS	Abertura CAT
QUADRO COM AS TRATATIVAS DE ACORDO COM CADA UM DOS NÍVEIS DA PIRÂMIDE DE SEGURANÇA					
ACIDENTES COM AFASTAMENTO	8D	24 hs	Envio para toda liderança	72 hs	Envio para os envolvidos área responsável + HSE	SIM	SIM
ACIDENTES SEM AFASTAMENTO	8D	24 hs	Envio para toda liderança	72 hs	Envio para os envolvidos área responsável + HSE	NÃO	SIM
NEAR MISS (QUASE ACIDENTE)	Report Near Miss	24 hs	Envio para toda liderança	72 hs	Envio para os envolvidos área responsável + HSE	NÃO	NÃO
CONDIÇÃO INSEGURA	FORMULÁRIO RQA E CADASTRO NA PI - PLANILHA DE IRREGULARIDADES - (ENVIO SEMANAL E NA REUNIÃO DA CIPA)		% RESOLUÇÃO - TI Taxa de implementação	NÃO	NÃO
ATO INSEGURO	TWTTP	FORMULÁRIO RQA E CADASTRO NA PI - PLANILHA DE IRREGULARIDADES - (ENVIO SEMANAL E NA REUNIÃO DA CIPA)	% RESOLUÇÃO - TI Taxa de implementação	NÃO	NÃO

Fonte: Elaborado pelos autores (2017)

IMS: Information Management System, ou seja, um sistema on line de cadastro das ocorrências de acidentes para que todos os níveis hierárquicos da organização possam receber e consultar as informações sobre acidentes.

3.6 Resultados

Para verificação da eficácia da implantação da metodologia, foram consideradas as ocorrências de acidentes (classificados como com ou sem afastamento), assim como os chamados quase acidentes, que foram formalmente comunicados, conforme demonstrado na Figura 5: Pirâmide Segurança – 2018.

Figura 6 - Pirâmide Segurança – 2018

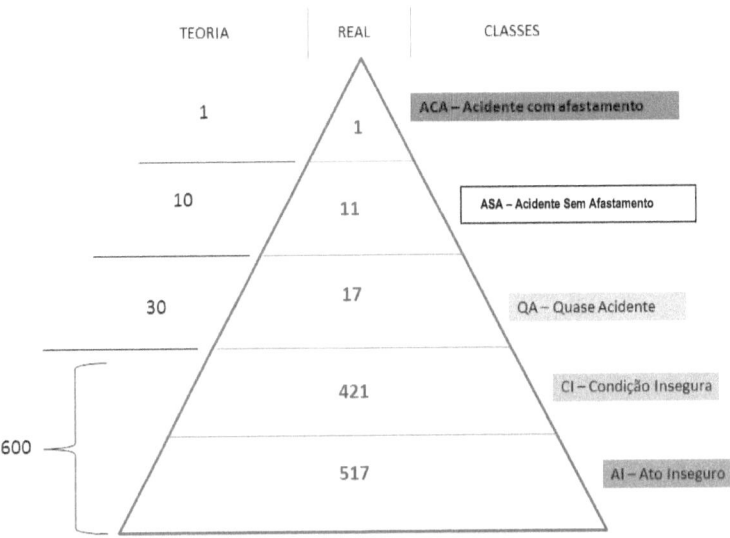

Fonte: Elaborado pelos autores (2018)

Desta forma, foram verificadas em quais destas ocorrências foram aplicadas a metodologia de investigação de acidentes e quase acidente com a ferramenta 8D. A figura 7 demonstra as respectivas localizações de acidentes e quase acidente no ano de 2017 na empresa.

Figura 7 - Mapa de localização dos acidentes e quase acidentes em 2017

Fonte: Elaborado pelos autores (2018)

No Gráfico 1 está demonstrada a eficácia da aplicação desta metodologia, onde podemos observar a relação do número de ocorrências totais, sejam elas com afastamento, sem afastamento ou quase acidente, versus ocorrências que de fato foram investigadas conforme metodologia 8D.

Gráfico 1 - Aderência aplicação 8D em investigação de acidentes e quase acidentes

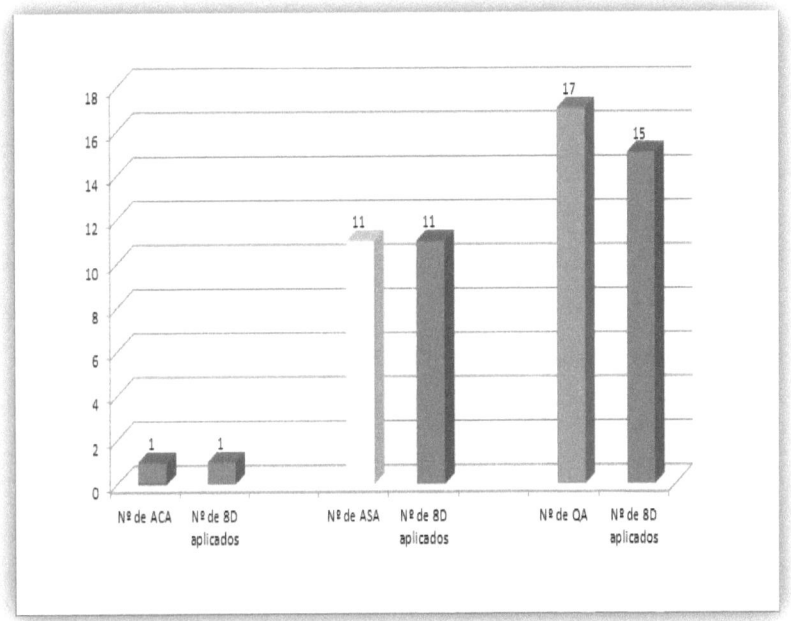

Fonte: Elaborado pelos autores (2018)

O Índice de Investigação de Acidentes e Quase Acidentes (IIAQA) é o indicador estabelecido para medição da eficácia do uso desta metodologia, desta forma, aplicando a formula para o caso estudado, conforme resultados verificados no Gráfico 1 em investigação de acidentes e quase acidentes, apresentar o seguinte valor, conforme demonstrado abaixo.

$$IIAQA8D = \left[\frac{N^{\underline{o}} 8D: 01 + 11 \; *0,5}{N^{\underline{o}} Total: 01 + 11} \right] + \left[\frac{N^{\underline{o}} 8D: 15 \; *0,5}{N^{\underline{o}} Total: 17} \right] \times 100$$

$$IIAQA8D = 94,12$$

O resultado deste indicador será utilizado para aprovação de uma das etapas de implantação do sistema de gestão de saúde e segurança ocupacional, assim como, irá compor o resultado global do IDS – Índice de Desempenho de Segurança.

O IIAQA acima de 90 é considerado um resultado aceitável, portanto, esta empresa demonstra por este indicador que tem a metodologia de investigação de acidentes e quase acidentes 8D de forma satisfatória.

4 ETAPA 2: LEVANTAMENTO DE PERIGOS E RISCOS OCUPACIONAIS

4.1 Conceituação

Lançada em março de 2018, a norma ISO 45001:2018 - Sistemas de gestão de segurança e saúde ocupacional - Requisitos com orientação para uso (ISO, 2018), a primeira norma ISO sobre o tema, define perigo como fonte, situação ou ato com um potencial para dano em termos de prejuízo humano ou doença, ou uma combinação destes. Em relação a risco, define-se como a combinação entre a probabilidade de ocorrência de um evento ou exposição perigosa e a gravidade da lesão ou doença que pode ser causada pelo este evento ou exposição. Esta norma veio em substituição da OHSAS 18001:2007, elaborada pela British Standards (BS) que na ausência de uma norma ISO sobre Saúde e Segurança no Trabalho, vinha sendo utilizada desde sua primeira versão em 1999 (BRITISH, 2007).

A norma ISO 45001:2018 (ISO, 2018), estabelece no requisito 4.3 Planejamento uma avaliação inicial para compreender a posição atual da empresa em relação à SSO, as exigências legais impostas a ela, os perigos e riscos relevantes, compreender os prováveis perigos e riscos (em relação a SSO) futuros e suas implicações na empresa, a fim de identificar os riscos e as oportunidades de melhoria.

Desta forma, especificamente no requisito 4.3.1 Identificações de perigos, avaliação de riscos e determinação de controles, a norma determina que a organização deve estabelecer e manter procedimentos para a identificação contínua de perigos, a avaliação de riscos e a implementação das medidas de controle necessárias.

O(s) procedimento(s) para a identificação de perigos e para a avaliação de riscos deve(m) levar em consideração:

a) Atividades de rotina e não rotineiras;
b) Atividades de todas as pessoas que tem acesso aos locais de trabalho (incluindo terceirizados e visitantes);
c) Comportamento humano, capacidades e outros fatores humanos;
d) Perigos identificados de origem externa ao local de trabalho, capazes de afetar adversamente a segurança e a saúde das pessoas sob o controle da organização no local de trabalho;
e) Perigos criados na vizinhança do local de trabalho por atividades relacionadas ao trabalho sob o controle da organização;

NOTA 1 – pode ser mais apropriado que tais perigos sejam avaliados como aspectos ambientais.

f) Infraestrutura, equipamentos e materiais no local de trabalho, sejam eles fornecidos pela organização ou por outros;
g) Mudanças ou propostas de mudança na organização, em suas atividades ou materiais;
h) Modificações no sistema de gestão da SST, incluindo mudanças temporárias, bem como seus impactos nas operações, processos e atividades;
i) Qualquer obrigação legal aplicável relacionada à avaliação de riscos e à implementação dos controles necessários;
j) O desenho das áreas de trabalho, processos, instalações, máquinas/equipamentos, procedimentos operacionais e organização do trabalho, incluindo sua adaptação às capacidades humanas.

A metodologia da organização para a identificação de perigos e avaliação de riscos deve:

a) Ser definida com respeito ao seu escopo, natureza e momento oportuno para agir, para assegurar que ela seja pró ativa ao invés de reativa;
b) Fornecer subsídios para a identificação, priorização e documentação dos riscos, bem como para a aplicação dos controles, conforme apropriado.

A implantação de um SGSSO – Sistema de Gestão de Saúde e Segurança Ocupacional, tem por premissa identificar perigos e avaliar os riscos oriundos das atividades, produtos e serviços da organização. A norma ISO 45001:2018 - **Sistemas de gestão de segurança e saúde ocupacional - Requisitos com orientação para uso (ISO, 2018)**, por sua vez, explicita que a organização deve assegurar que os riscos de SSO e os controles determinados sejam levados em consideração no estabelecimento, implementação e manutenção de seu SGSSO. (NETO, TAVARES, HOFFMANN 1998)

Conforme TAVARES 2009, perigo é fonte, a situação ou o ato com potencial para provocar danos em humanos (lesão, ou doença, ou ambas); risco é a combinação da probabilidade de ocorrer um evento perigoso ou exposição com a gravidade da lesão ou doença que pode ser causada pelo evento ou exposição. Neste sentido, risco aceitável é aquele reduzido a um nível tolerável pela organização, levando em consideração suas obrigações legais e sua própria política de SSO.

O perigo que a noção de risco envolve se expressa objetivamente ao reportar-se a uma consideração dinâmica, qual seja, a ocorrência. Para que se possa, então, falar de uma situação de risco deve-se considerar a exposição de uma ou mais pessoas ao perigo. Nesse momento, numa dada conjugação de contingências, o evento detonador pode fazer disparar um acidente que, no termo do seu percurso de desenvolvimento (o percurso acidental), é capaz de provocar um dano de determinada gravidade; ou pode-se verificar que o dano não acontece porque foi possível a sua interrupção, ou ainda, que a gravidade do dano é muito reduzida porque ele foi controlado. Note-se que a exposição ao perigo combina uma dimensão quantitativa; fator temporal, denominadamente a continuidade, a frequência, a intermitência; e uma dimensão qualitativa: a sua caracterização como modo, meio ou ambiente no qual se propaga o perigo. Isso influência a magnitude do risco, aumentando-o ou diminuindo-o. A importância de identificar os perigos relaciona-se com o conhecimento, pela organização, de suas atividades, produtos e serviços que possam vir a provocar acidentes e doenças. Já a determinação do grau de significância pode estar relacionada com:

- gravidade do efeito;
- probabilidade de ocorrências;

- repetitividade;
- existência de legislação aplicável; e
- critério de aceitabilidade.

4.2 Gerenciamento de Riscos

GARCIA (1994) estabelece a sistemática de análise de risco considerando três elementos: riscos (causas geradoras), sujeitos (sobre quem podem incidir os riscos) e os efeitos (dos riscos sobre os sujeitos). O gerenciamento de riscos se efetiva, então, por meio da inter-relação destes elementos com os diversos planos de observação: humano, social, político, legal, econômico, empresarial e técnico.

No processo de gerenciamento de riscos, o estabelecimento das etapas ou fases a serem seguidas, não é unanime entre os autores. Este fato deve-se à forte ligação entre cada passo do processo, sendo que, embora não haja um consenso quanto ao estabelecimento das etapas, todos os autores mantêm a mesma coerência em suas abordagens.

SELL (1995) divide o processo de gerenciamento de riscos em quatro fases: análise e avaliação dos riscos, identificação das alternativas de ação, elaboração da política de riscos e a execução e controle das medidas de segurança adotadas. Na primeira fase procura-se reconhecer e avaliar os potenciais de perturbação dos riscos; com a identificação das alternativas de ação ocorre a decisão quanto a evitar, reduzir, transferir ou assumir os riscos identificados; na fase de elaboração da política de riscos, estabelecem-se os objetivos e programas de prevenção, garantia e financiamento dos riscos; a última fase trata da execução das etapas anteriores e seu controle, conforme a estrutura de um gerenciamento de riscos, que pode ser vista na figura 4.

Figura 4 - Estrutura da avaliação de perigos e riscos

Fonte: Elaborado pelos autores (2017)

O processo deve levar em consideração não somente as situações normais de operação, mas também as anormais, de parada, de partida e emergenciais. Os procedimentos de identificação dos perigos e a avaliação dos riscos devem contemplar: as atividades rotineiras e não rotineiras; as de todos os que tenham acesso aos locais de trabalho, incluindo fornecedores, prestadores de serviço, visitantes e etc.; comportamento das pessoas, bem como capacidades, limites e outros fatores humanos; os perigos externos ao local de trabalho (por exemplo, ambiental); a infraestrutura, os equipamentos e materiais; as mudanças ou propostas de mudança na organização, em suas atividades ou materiais; as modificações no SGSSO, incluindo mudanças temporárias, bem como seus impactos nas operações, processos e atividades; as obrigações legais aplicáveis à avaliação de riscos e à implantação dos controles necessários; o leiaute das áreas de trabalho, os processos, as instalações, máquinas/equipamentos, procedimentos e organização do trabalho, incluindo sua adaptação às capacidades humanas.

A metodologia para identificar os perigos e avaliar os riscos deve ser definida em relação ao seu escopo, natureza e momento oportuno para agir, assegurando que seja proativa em vez de reativa; e fornecer subsídios para identificar, priorizar e documentar os riscos, bem como, para aplicar os controles, conforme se faça necessário.

Ao determinar os controles ou considerar as mudanças já existentes, deve-se considerar a redução dos riscos de acordo com a seguinte hierarquia: eliminação, substituição, controles de engenharia, sinalização/alertas e/ou outros controles administrativos e EPI´s. A organização deve documentar e manter atualizados os resultados da identificação de perigos, da avaliação de riscos e dos controles determinados.

4.3 Controles, barreiras e defesas

Controles, barreiras e defesas são denominações comuns de medidas mitigadoras de recorrência de eventos indesejados, os incidentes, capazes de prevenir a recorrência dos mesmos. O termo barreiras e defesas são largamente utilizados em várias ferramentas de análise de acidentes. O termo controle é a denominação genérica para as medidas capazes de prevenir a ocorrência de um evento indesejável, enquanto o termo barreiras é utilizado como meio de prevenir a ocorrência do evento indesejado e as defesas referem-se mais especificamente às medidas capazes de atenuar a consequência dos eventos indesejados, quando se manifestarem na forma de incidentes. Denominam-se medidas de prevenção as ações que são capazes de prevenir a ocorrência do evento indesejável, enquanto aquelas que atenuam as consequências dos eventos indesejáveis são classificadas como medidas de controle de proteção, sendo esses controles, hierarquizados em termos de efetividade, de acordo com a sua eficácia na prevenção ou na proteção desejada, como ilustra a Figura 5. (LAPA, 2006)

Figura 5 - Hierarquia dos controles de riscos

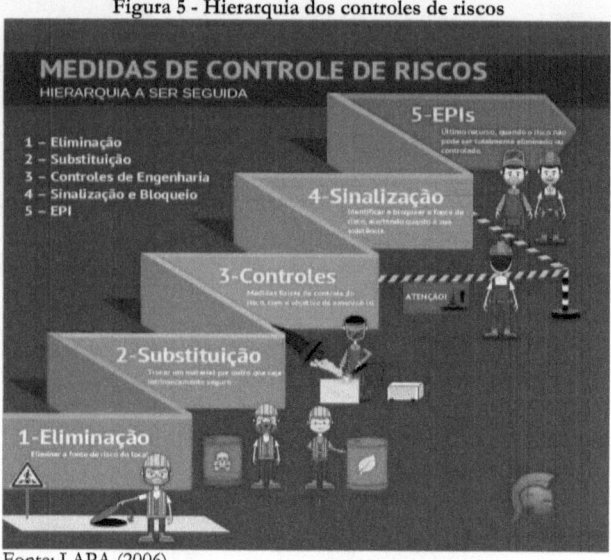

Fonte: LAPA (2006)

4.4 Teoria do Queijo Suíço

As falhas humanas detêm um percentual considerável nos acidentes de trabalho por isso motiva a estudos constantes no campo da segurança do trabalho. Segundo REASON (1990), essas falhas podem ser analisadas sob dois aspectos: A aproximação pessoal, que foca nas ações e atos do individuo, sendo mais preciso, o centro das atenções são os atos inseguros praticados e caracterizados por erros, manuseios fora dos padrões estabelecidos pela tarefa a ser realizada ou maquina a ser operacionalizada. Atos inseguros que são originados pela mente, ou seja, processos mentais próprios aos seres humanos, como: esquecimento, falta de atenção, descuido, negligência, imprudência, sabotagem, etc. São nestes atos inseguros, ou seja, na variabilidade indesejada das ações dos seres humanos que devem ser implementados as ações de bloqueio (punições, revisões de procedimentos, treinamentos, medidas disciplinares, etc). O segundo aspecto é a aproximação do sistema, que consiste em considerar como componente do sistema as falhas do ser humano, e como tal os seus erros devem ser considerados do projeto dos sistemas. Com a consideração dos dois aspectos conclui-se que os erros que acontecem devem ser tratados como consequências e não como causa de prejuízos, e que os sistemas devem ser tratados como acima dos serem humanos, ou seja, os bloqueios ou medidas de seguranças devem acontecer já prevendo o manuseio ou participação do homem, as melhorias na condição de trabalho no sistema e não na condição humana.

Com essas considerações, REASON (1990) propôs o modelo do Queijo Suíço, em que os "sistemas devem possuir barreiras e salvaguardas, as quais são essenciais para proteger as vitimas em potencial, sejam estas as pessoas ou patrimônio dos perigos do ambiente". Barreiras que podem ser soluções de engenharia, tais como: sensores, travas, alarmes. Estas barreiras também podem ser pessoas, bem como, soluções administrativas. Essas barreiras quando bem implementadas atingem o seu objetivo final, no entanto, toda barreira possui uma fraqueza, por isso a teoria que a camada de proteção se parece com uma fatia de queijo suíço, os buracos são as falhas do sistema, e de acordo com a teoria de Reason eles se movimentam abrindo e fechando em momentos diferentes ao enfileirar várias fatias percebemos que os buracos não estarão, probabilisticamente, abertos e numa mesma posição de forma a se tornar uma janela entre o perigo e o dano todo o tempo.

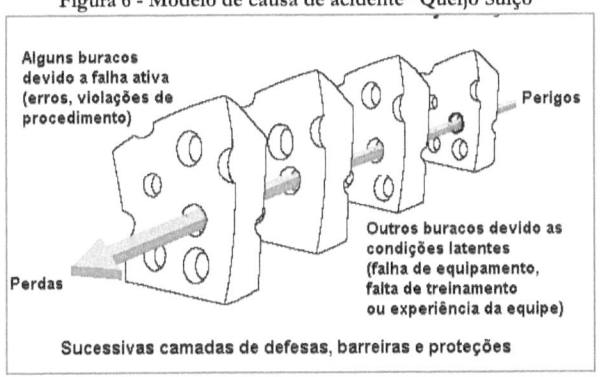

Figura 6 - Modelo de causa de acidente "Queijo Suíço"

Fonte: Adaptado de Reason (1990)

Como ilustra a Figura 6 e segundo REASON 1990, os buracos nas camadas de proteção surgem por dois fatores básicos: falhas ativas e condições latentes. As primeiras estão ligadas às pessoas que fazem parte do sistema, ou seja, são os atos inseguros, essas falhas têm impactos de curta duração sobre o sistema de defesa. As condições latentes podem permanecer adormecidas no sistema, ou seja, não desencadear qualquer evento por muito tempo até que se combine com as falhas ativas. Porém, as primeiras podem ser facilmente identificadas no sistema e corrigidas antes que um evento seja desencadeado, ao atuar dessa forma, a gestão do sistema torna-se proativa ao invés de reativa. As falhas ativas já são mais difíceis de serem detectadas antes de uma ocorrência e por isso o foco nessa vertente faz com que a gestão fique a mercê dos acontecimentos adversos, sendo mais reativa. Vale ressaltar que a gestão dos fatores humanos nunca dará 100% de confiabilidade ao sistema, as falhas podem ser controladas, geridas, mas não poderão ser eliminadas.

4.5 Critérios de classificação de riscos

Um critério de avaliação de risco quantitativo deve ser representado em uma escala numérica, a partir de atributos qualitativos bem definidos. Sabemos que o risco é uma combinação da probabilidade da ocorrência de um acidente, com a severidade de um dano potencial, desse acidente. Desta forma, a definição que o risco é resultante do produto dos atributos numéricos relativos à probabilidade e a severidade, conforme a equação de cálculo de risco:

$$\text{Risco} = \text{Probabilidade} \times \text{Severidade}$$

A equação para calcular a probabilidade de um risco está definida no Quadro 18, assim como os seus critérios.

Quadro 18 - Equação para calcular a probabilidade de um risco.

PROBABILIDADE = FREQUÊNCIA + CONTROLE + DETECÇÃO	
PROBABILIDADE	FREQUÊNCIA = OCASIONAL (1) FREQUENTE (2) CONTÍNUA (3)
	CONTROLE = EFICAZ (1) PRECÁRIO (2) INEXISTENTE (3)
	DETECÇÃO = FÁCIL (1) MODERADA (2) DIFÍCIL (3)

Fonte: Elaborado pelos autores (2017)

A equação para calcular a consequência de um risco está definida no Quadro 19, assim como os seus critérios.

Quadro 19 - Equação para calcular a consequência de um risco

CONSEQUÊNCIA = GRAVIDADE + ABRANGÊNCIA	
CONSEQUÊNCIA	GRAVIDADE = BAIXA (1) MÉDIA (3) ALTA (5) EXTREMA (9)
	ABRANGÊNCIA = ISOLADA (1) LIMITADA (3) AMPLA (5)

Fonte: Elaborado pelos autores (2017)

4.6 Critério de enquadramento nas classes de riscos

Para enquadrarmos os riscos em cada uma das classes, resultante do produto da avaliação qualitativa da probabilidade e da severidade, aplicando os critérios descritos nas figuras. Adotaremos nesta metodologia as cinco classes de riscos definida na BS 8800 – British Standards Institution – BSI , Occupational health and safety management systems – BS 8800 1996: trivial, tolerável, moderado, substancial e intolerável. A BS 8800 é uma norma de origem inglesa voltada para a gestão da saúde e segurança oupacional. Criada pelo BSI, orgão britânico encarregado de elaborar normas técnicas, foi publicada em 1996, originalmente como BS 7750.

A fim de mantermos um padrão mais prático em nossa metodologia de classes de riscos, iremos considerar trivial e tolerável como um mesmo parâmetro de classe de risco. Para esta metodologia também faz se necessário à definição dos ponderadores de risco, que tem como objetivo dar peso em ordem crescente do maior ao menor risco, dando ênfase para situações de maior risco. Os critérios de enquadramento das classes de riscos, assim como, dos ponderadores de riscos representa a relação diretamente proporcional dos pesos relacionados com cada uma das classes de riscos. Estes critérios estão demonstrados na Tabela 1.

Tabela 1 - Critérios das classes de riscos

Classes de Risco				
Classes de Risco	Trivial / Tolerável	Moderado	Substâncial	Intolerável
Pesos	10	100	1000	10000
Parâmetro	< = 37	>= 38 < 57	> = 58 < 98	> = 99

Fonte: Elaborado pelos autores (2017) (Adaptado LAPA 2006)

Para determinação das classes de risco, será contabilizada a quantidade de riscos identificadas e classificadas nos levantamentos de perigos e riscos ocupacionais, podendo ser agrupados por atividade, célula ou até mesmo área ou em toda a empresa. Após esta contabilização do numero de riscos em cada uma das classes de riscos, devem ser multiplicados em cada um dos seus respectivos pesos, conforme equação – Calculo da Pontuação de Risco Atual, para determinação do Fator de Risco, conforme equação – Calculo de Fator de Risco. A Tabela 2, demonstra um exemplo do cálculo do FRp – Fator de Risco Puro, que não considera as medidas de controle, e o cálculo do FRr – Fator de Risco residual, ou seja, que leva em conta as atenuações de riscos, considerando as medidas de controles implantadas. Será considerado, seja como atividade, célula, área ou qualquer outra forma de agrupamento, com um maior nível de segurança, quanto mais aproximar-se de um FR: Fator de Risco = 1,0.

Tabela 2 - Exemplo de aplicação do calculo do Fator de Risco puro e residual

INDICADOR DE MEDIÇÃO DE RISCO - FATOR DE RISCO									
Exemplo: Usinagem de Pistão - Brochadeira									
RISCO PURO			Pesos	Total	RISCO RESIDUAL			Pesos	Total
Inaceitável	0	X	10000	0	Inaceitável	0	X	10000	0
Substâncial	7	X	1000	7000	Substâncial	0	X	1000	0
Moderado	11	X	100	1100	Moderado	0	X	100	0
Aceitável / Trivial	8	X	10	80	Aceitável / Trivial	28	X	10	280
			Score	8180				Score	280
FATOR DE RISCO		FRp = 8180 / 280 ⟹ 28,21			FATOR DE RISCO		FRr = 280 / 280 ⟹ 1,0		
FRp = Fator de Risco puro (sem medidas de controle)					FRr = Fator de Risco residual (com medidas de controle)				

Fonte: Elaborado pelos autores (2017)

4.7 Estudo de caso n° 02 – Implantação do LPRO – Levantamento de Perigos e Riscos Ocupacionais em uma empresa metalúrgica – Produção de direções automotivas

O presente estudo de caso foi realizado no ano de 2017 em uma empresa metalúrgica, do ramo de direções hidráulicas automotivas para veículos pesados, aqui denominada Empresa W. O processo operacional consiste em receber as matérias primas compostas de peças prontas e semi-prontas que passam por processos de usinagem em centros de usinagem, fresas, mandrilhadoras, tanques de lavagem, tratamento térmico, pintura, montagem, inspeção final e seguem para embalagem e expedição, conforme figura 7.

Figura 7 – Fluxo Processo Produtivo – Sistemas de Direções

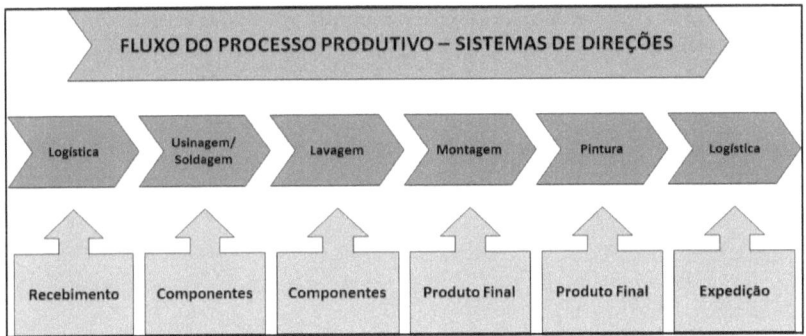

Fonte: Elaborado pelos autores (2018)

47

4.7.1 Levantamento em campo – Avaliação qualitativa dos riscos ambientais

Um trabalho de avaliação de perigos e riscos deve iniciar com um mapeamento de quais áreas, postos de trabalho, atividades e tarefas farão parte do escopo deste levantamento. Importante que a condução deste trabalho deve ter suporte técnico de profissionais com conhecimento sobre os agentes ambientais, de forma, que possa assegurar abrangência da avaliação. Para que a avaliação tenha a abrangência e a profundidade necessária, um time multifuncional deverá fazer parte deste trabalho.

Figura 8 - Visão geral de uma planta de produção de direções hidráulicas

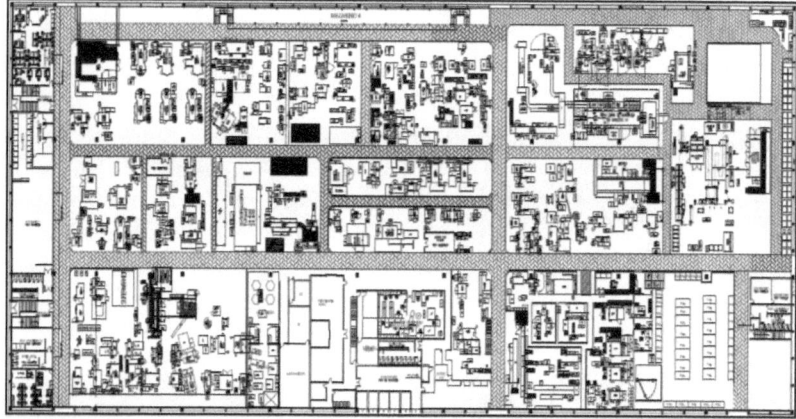

Fonte: Elaborado pelos autores (2017)

Um exemplo desta composição seria uma avaliação da área de montagem de direções e pintura, figura 8, onde minimamente devem participar: Técnico de Segurança do Trabalho, montador de produtos, pintor, coordenador de produção, médico do trabalho ou outro profissional da área de saúde. Uma lista de verificação de coleta de dados para avaliação de perigos e riscos deve ser usada, conforme figura 9, para assegurar abrangência dos riscos ambientais existentes (físico, químico, biológico, ergonomia e de acidentes).

Figura 9 - Formulário de coleta de dados de campo

Formulário para Coleta de Dados de Campo

Revisão: 0 - 16/08/2017

Área / CC / Posto de Trabalho / Nº Máquina

Descrição da atividade

Agentes / Fatores Segurança	Perigos Ocupacionais	Riscos Ocupacionais	CONTRAMEDIDAS NECESSÁRIAS: EPI (EQUIPAMENTO DE PROTEÇÃO INDIVIDUAL)	APR - Análise Preliminar de Risco	Check List (pré-uso)	Integração de Segurança	DSS - Diálogo de Saúde e Segurança	Habilitação, qualificação e/ou autorização específica (operador de plataforma, empilhadeira, ponte rolante, Talha etc)	ITS - Instrução de Trabalho Seguro	Instrução de Trabalho específica (LUP - Lição de Um Ponto)	Capacitação específica de segurança (NR 11, NR 12, NR 33, NR 35 e etc.)	Sinalizações de Segurança / Visual aid	Auditoria de EHS	ATR - Autorização de Trabalho de Risco	KYP / MELHORIA FOCADA / ADEQUAÇÃO ERGONÔMICA	EPC = / EQUIPAMENTOS DE VENTILAÇÃO E/OU ACLIMATIZAÇÃO	IMPLANTAÇÃO DE PROTEÇÕES = DISPOSITIVOS DE SEGURANÇA (NR 12)	SUBSTITUIÇÃO DO PERIGO	ESTUDO PARA ELIMINAÇÃO DA ATIVIDADE / PERIGO
Físicos	Exposição à radiações ionizantes	Queimaduras por radiação																	
	Exposição à radiações não ionizantes	Catarata, retinite e anemias																	
	Exposição à Radiação Solar	Queimaduras, câncer de pele																	
	Exposição à ruído industrial	Distúrbios auditivos																	
	Exposição à umidade	Doenças de pele, doenças circulatórias e doenças respiratórias																	
	Exposição à vibrações	Inflamação das articulações																	
	Exposição ao calor	Desidratação																	
	Exposição ao frio	Constrição de vasos periféricos, queda da frequência do pulso, queda da taxa metabólica																	
	Pressão anormal	Embolia, ruptura dos alvéolos pulmonares e ruptura do tímpano																	
Químicos	Contato da pele com produtos químicos	Dermatoses																	
	Inalação de fibras	Patologias respiratórias crônicas																	
	Inalação de fumos metálicos	Patologias respiratórias crônicas																	
	Inalação de poeiras	Patologias respiratórias crônicas																	
	Inalação de gases	Patologias respiratórias crônicas																	
	Inalação de neblina	Patologias respiratórias crônicas																	
	Inalação de névoa	Patologias respiratórias crônicas																	
	Inalação de vapores	Patologias respiratórias crônicas																	
Biológicos	Ambiente com ar condicionado	Doenças infecto-contagiosas																	
	Contato com Resíduos Ambulatoriais	Doenças infecto-contagiosas																	
	Contato com Resíduos Sanitários	Doenças infecto-contagiosas																	
	Ingestão de alimento / água contaminado	Doenças infecto-contagiosas																	
	Contato com Fluidos Orgânicos proveniente de atendimento à Vítimas de Acidente	Doenças infecto-contagiosas																	
Ergonômicos	Esforço físico intenso	Dores musculares																	
	Exigência de postura inadequada	Dores musculares																	
	Levantamento e transporte manual de peso	Dores musculares																	
	Monotonia	Stress físico ou psíquico																	
	Trabalho noturno ou em turnos	Stress físico ou psíquico																	
	Desconforto auditivo em escritórios	Irritabilidade																	
	Desconforto térmico em escritórios	Desconforto																	
	Iluminação inadequada	Fadiga visual																	
	Jornada de trabalho prolongada	Stress físico																	
	Movimentos repetitivos	Patologias do aparelho locomotor																	
Acidentes	Ambiente confinado	Asfixia, intoxicação ou fatalidade																	
	Armazenamento inadequado de produtos físicos	Lesão, fratura, contusão ou fatalidade																	
	Armazenamento inadequado de produtos químicos	Queimaduras químicas, intoxicações e patologias respiratórias																	
	Choque mecânico contra objetos	Amputação, luxação, fratura, contusão ou fatalidade																	
	Choque mecânico por objetos	Amputação, luxação, fratura, contusão ou fatalidade																	
	Contato com altas temperaturas	Queimaduras térmicas																	
	Contato com animais peçonhentos ou insetos	Envenenamento																	
	Contato com atmosfera perigosa	Asfixia ou intoxicação																	
	Contato com máquinas em movimento	Amputação, fratura ou fatalidade																	
	Contato com parte cortante ou perfurocortante	Ferimento cortante																	
	Descarga atmosférica	Queimadura ou fatalidade																	
	Desabamento por [illegible], terra ou areia	Amputação, luxação, fratura, contusão ou fatalidade																	
	Piso escorregadio ou irregular	Lesões múltiplas																	
	Prensagem entre objetos	Esmagamento ou amputações																	
	Projeção de partículas sólidas	Lesões nos olhos e na face																	
	Queda de objetos sobre as pessoas	Lesões, fraturas ou fatalidade																	
	Queda de pessoas em mesmo nível ou de alturas	Lesões múltiplas																	
	Transporte de materiais	Lesões nos membros inferiores ou danos musculares																	
	Vazamento de líquidos ou gases, respingo de produtos químicos	Queimaduras químicas ou intoxicações agudas																	
	Atropelamento	Lesões Múltiplas																	
	Assalto	Lesões Múltiplas																	
	Colisão	Lesões Múltiplas																	
	Queda em reservatório de água / efluentes	Afogamento																	
Elétricos	Contato com eletricidade - Baixa Tensão	Queimaduras por choque elétrico, paradas cárdio-respiratórias ou Fatalidade																	
	Contato com eletricidade - Alta Tensão	Queimaduras por choque elétrico, paradas cárdio-respiratórias ou Fatalidade																	
Situações de emergência	Incêndio ou explosão	Queimaduras, contusões, intoxicações ou fatalidade																	
	Vazamentos de produtos químicos líquidos ou gasosos	Queimaduras, intoxicações ou fatalidade																	

Aprovação

DATA ______

Supervisor de Área

Coordenador de Área

HSE

Paradigma Operacional

Fonte: Elaborado pelos autores (2017)

A primeira etapa do preenchimento da planilha de LPRO – Levantamento de Perigos e Riscos Ocupacionais deve iniciar referenciando qual atividade será avaliada, pois é através da atividade que será possível desdobrar a identificação qualitativa dos perigos e riscos ocupacionais. Além disso, nesta fase da avaliação de perigos e riscos ocupacionais, deve fazer parte a identificação e localização aonde se realizam esta atividade, detalhamento sempre que possível, a área, o setor, a célula, o processo que a atividade é realizada, assim como identificar o número de máquinas e/ou equipamentos, de tal maneira, que fique claro onde a atividade e executada, como exemplificado no Quadro 20.

Quadro 20 - Detalhamento da área, posto de trabalho, atividade e qualificação dos perigos e riscos

Nº	Área / CC	Atividade / Máquina / Posto de trabalho	Descrição da Atividade	Perigos Ocupacionais	Riscos Ocupacionais
1	430 - Montagem de Bombas	Banco de teste 84114	Teste funcional de bombas hidraulicas	Choque mecânico por objetos	Amputação, fratura, ou fatalidade
2	430 - Montagem de Bombas	Banco de teste 84114	Teste funcional de bombas hidraulicas	Exposição á Vibrações	Inflamação das Articulações
3	430 - Montagem de Bombas	Banco de teste 84114	Teste funcional de bombas hidraulicas	Exposição a ruido industrial	Distúrbio auditivo
4	430 - Montagem de Bombas	Banco de teste 84114	Teste funcional de bombas hidraulicas	Inalação de Névoa	Patologias respiratorias crônicas

Fonte: Elaborado pelos autores (2017)

4.8 Critérios de avaliação quantitativa da probabilidade

A avaliação qualitativa da probabilidade visa identificar situação que expõe as pessoas a riscos em função da exposição que os mesmos estão sujeitos, o qual potencialmente, a exposição desta frequência, poderá ser gradualmente elevada a probabilidade da ocorrência de acidentes. Outro fator a ser considerado nesta avaliação, é a taxa de falhas de determinado processo ou mecanismo, considerando para isto, o histórico de falhas que potencialmente ocasionará acidentes ou outras perdas. O quadro 21 sugere uma classificação e categorização para o risco das atividades.

Quadro 21 - Classificação e categorização do Risco Puro

PROBABILIDADE				CONSEQUÊNCIA				
Frequência	Controle	Detecção	PROBABILIDADE	Gravidade	Abrangência	CONSEQUÊNCIA	RISCO PURO	CATEGORIA
3	1	1	5	5	3	8	40	MODERADO
2	5	2	9	3	1	4	36	TRIVIAL
5	1	3	9	3	3	6	54	MODERADO
5	1	3	9	1	1	2	18	TRIVIAL

Fonte: Elaborado pelos autores (2017)

A avaliação quantitativa da probabilidade leva em consideração fatores que possam representar a exposição ao risco de uma ocorrência. Nesta avaliação também deve ser considerado, em contrapartida, a eficiência dos meios de controle disponíveis e quanto robusto estes meios são uma forma de barreira ou proteção que potencialmente reduzam a probabilidade de uma ocorrência. O Quadro 22 traz os critérios, tantos reativos, quanto preventivos, usados para avaliação de probabilidade.

Frequência de exposição: avalia quantitativamente a interação e exposição das pessoas ao risco;

Número de pessoas expostas: quantifica a abrangência de pessoas ao risco;

Eficácia dos meios de controle: avalia a abrangência da prevenção ou proteção pelo controle adotado;

Reconhecimento e identificação do risco: quantifica a capacidade de identificar situações de riscos, também possibilita a identificação como nível de consciência sobre os riscos existentes.

Quadro 22 - Critérios de avaliação quantitativa da probabilidade

Tabela de Probabilidade

Avaliação da Frequência de exposição ao perigo ou situação perigosa (FREQUÊNCIA)		
Ocasional	Frequente	Contínua
Se a frequência e/ou duração da exposição for esporádica, ou quando o nível de exposição a agentes químicos e físicos presentes seja próximo ao nível de ação.	Se a frequência e/ou duração da exposição for sistemática, mas não continuada, com intervalos em exposição ou quando o nível de exposição de agentes químicos e físicos presentes seja menor que o limite de tolerância, mas próximo deste.	Se ocorre de maneira contínua e/ou distribuída na jornada de trabalho, de forma rotineira ou quando o nível de exposição a agente químicos e físicos presentes excede o Limite de Tolerância ou seja próximo do Valor teto ou do Valor IPVS. (Imediatamente Perigoso a Vida e a Saúde)
Avaliação da Eficácia do meio de controle à exposição ou ao dano, doenças ou lesão (EFICÁCIA)		
Eficaz	Precário	Inexistente
Se existir alguma forma de controle/dispositivo garantindo que mesmo numa distração não ocorra lesão, doença ou dano.	Se existir alguma forma de controle ou dispositivo que possa evitar e/ou atenuar a lesão. Doença ou dano, ou cuja ação depende de atitude ou atenção de quem executa.	Se não existir nenhuma forma de controle ou dispositivo que possibilite evitar ou atenuar a lesão, doença ou dano.
Avaliação do reconhecimento das pessoas relativo ao perigo ou da situação perigosa (CP)		
Fácil	Moderada	Difícil
Se qualquer pessoa com baixo nível de experiência, conhecimento da atividade ou instrumento de medição é capaz de identificar o perigo existente na atividade, ou quando existe sinalização visível no local onde a atividade é executada, alertando quanto aquele perigo. (TÁ NA CARA)	Se o perigo pode ser identificado por meio de análise realizada por pessoas com experiência e/ou conhecimento da atividade ou com uso de instrumentos de medição apropriados.	Se o perigo é identificado apenas de maneira reativa (ex.: acidente e incidentes ou pelo uso de metodologias e/ou monitoramento específicos.
1	3	5
Valores Atribuídos		

Fonte: LAPA (2006)

4.9 Critérios de avaliação quantitativa da consequência

Este critério define o método de calculo da consequência, o qual inclui variáveis que são importantes, de acordo com a natureza de suas atividades. As variáveis usadas para o calculo da consequência, referem-se a gravidade do impacto ou severidade de um potencial acidente, e a abrangência desse acidente em função destes impactos nas pessoas. Esta avaliação é feita a partir de uma análise de uma escala com valores e critérios definidos, conforme Quadro 23. Usando esta escala, o resultado da consequência será dado a partir da soma dos valores definidos a cada uma das situações, considerando as duas variáveis:

Gravidade da lesão: Avaliação a potencial consequência nas pessoas.

Escala de abrangência da lesão: Avalia a abrangência do dano sobre outras pessoas no mesmo ambiente, conforme critérios definido os valores para cada uma das situações.

Quadro 23 - Critérios de avaliação quantitativa da consequência

Tabela de consequência			
Avaliação da gravidade da lesão, dano ou doença potencial (GRAVIDADE)			
Baixa	Média	Alta	Extrema
Se a lesão, doença ou dano for inexistente, desprezível ou, no máximo, lesões superficiais, cortes e arranhões recuperáveis, irritação reversível nos olhos, beliscões elétricos, doenças com desconforto temporário, infecções passageiras, irritações e incômodos, todos os eventos típicos de primeiros socorros.	Se a lesão resultar em lacerações, queimaduras superficiais, fraturas menores, confusões e torções, perdas de pequenas partes do corpo, tais como polpa de dedo, unha, dermatites, doenças com desabilidades não permanentes e sem incapacitação para o trabalho	Se houver potencial para decorrer amputações, fraturar múltiplas, queimaduras generalizadas de segundo e terceiro grau, envenenamento e lesões incapacitantes a exemplo de surdez, cegueira, DORT, doenças agudas provocadas por exposição curta ou temporária a agente externo	Se resultar em câncer ocupacional, doenças degenerativas oi que podem encurtar a vida seriamente ou mesmo fatalidade
1	3	5	9
Valores atribuídos			
Avaliação da escala de abrangência do dano, lesão ou doença potencial (ABRANGÊNCIA)			
Isolada	Limitada		Ampla
Se a lesão ou doença decorrente é limitada a apenas uma pessoa no exercício das suas atividades. Ou, em caso de perda material ela seja restrita à atividade relacionada	Se a lesão ou doença pode abranger mais de uma pessoa e limitada apenas a área em avaliação. Ou, em caso de perda material ela pode afetar a área onde ocorreu, sem prejuízo de terceiros ou outras unidades.		Se a lesão ou doença pode abranger, além das pessoas na sua área de trabalho, outras áreas adjacentes ou pessoas que circulam na área, extrapola os limites da área ou mesmo da empresa. Em caso de perdas materiais, quando elas podem afetar as atividades da empresa e/ou prejudicar terceiros.
1	3		5
Valores Atribuídos			

Fonte: LAPA (2006)

4.10 Classificação de riscos e medidas de controle

Medidas de controle, que também podem ser chamados de barreiras ou contramedidas, e deverão sempre ser adotado de maneira suficiente e necessário para a eliminação, minimização ou controle dos riscos. Este risco, também chamado de risco puro, é resultante do produto entre a probabilidade e a consequência, o qual devera ser enquadrado dentro dos critérios de categoria de riscos, conforme o Quadro 24, onde estão definidos os critérios de implantação das medidas de controle, descritos em função da classe do risco.

A norma ISO 45001:2018 - Sistemas de gestão de segurança e saúde ocupacional - Requisitos com orientação para uso (ISO, 2018), determina que a organização deva garantir que os resultados destas avaliações sejam considerados na determinação dos controles.

Na determinação dos controles ou mudanças nos controles existentes, considerações devem ser feitas para reduzir os riscos de acordo com a seguinte hierarquia:

a) Eliminação;
b) Substituição;
c) Controles de engenharia;
d) Sinalização/avisos ou controles administrativos
e) Equipamento de proteção individual

Quadro 24 - Critérios das categorias de riscos

NÍVEL DE RISCO	AÇÃO E CRONOGRAMA
TRIVIAL	Nenhuma ação é requerida e nenhum registro documental precisa ser mantido
ACEITÁVEL	Nenhum controle adicional é necessário. Pode-se considerar uma solução mais econômica ou a aperfeiçoamento que não imponham custos extras. A monitoração é necessária para assegurar que os controles são mantidos.
MODERADO	Devem ser feitos esforços para reduzir o risco, mas os custos de prevenção devem ser cuidadosamente medidos e limitados. As medidas de redução de risco devem ser implementadas dentro de um período de tempo definido. Quando o risco moderado é associado a conseqüências extremamente prejudiciais, uma avaliação anterior pode ser necessária, a fim de estabelecer, mais precisamente, a probabilidade de dano, como uma base para determinar a necessidade de medidas de controle aperfeiçoadas.
SUBSTANCIAL	O trabalho não deve ser iniciado até que o risco tenha sido reduzido. Recursos consideráveis poderão ter de ser alocados para reduzir o risco. Quando o risco envolver trabalho em execução, ação urgente deve ser tomada.
INTOLERÁVEL	O trabalho não deve ser iniciado nem continuar até que o risco tenha sido reduzido. Se não for possível reduzir o risco, nem com recursos ilimitados, o trabalho tem de permanecer proibido.

Fonte: Elaborado pelos autores (2017)

Nesta etapa estão descritas a relação das classes das medidas de controle ou contramedidas, conforme critério da hierarquia e controles, descritos no Quadro 25. As medidas de controle devem ser definidas conforme critérios da hierarquia de controles e em função das necessidades para redução dos níveis de risco puro, para níveis de risco residual dentro das categorias trivial e aceitável, as quais são as categorias consideradas seguras, ou seja, dentro de uma faixa aceitável de tolerabilidade.

Quadro 25 - Relação das contramedidas (medidas de controle)

CATEGORIA	TRIVIAL	TRIVIAL	TRIVIAL	TRIVIAL	TRIVIAL	TRIVIAL	TRIVIAL	TRIVIAL	TRIVIAL
RISCO RESIDUAL	20,42	11,57	18,56	6,19	11,57	9,00	12,38	13,13	5,63
REDUÇÃO	49%	68%	68%	66%	68%	68%	66%	53%	53%
ELIMINAÇÃO DA ATIVIDADE / PERIGO									
SEM NECESSIDADE DE TODOS									
ADEQUAÇÃO E OU SUBSTITUIÇÃO DO PROCESSO									
SEM NECESSIDADE DE TODOS									
IMPLANTAÇÃO DE PROTEÇÕES e DISPOSITIVOS SEGURANÇA (NR 12)	0							0	0
EQUIPAMENTO DE VENTILAÇÃO E ACLIMATIZAÇÃO / EPC's	100	100	100	100	100	100	100	100	100
KVP / MELHORIA FOCADA / ADEQUAÇÃO ERGONÔMICA	0								
SEM NECESSIDADE DE TODOS									
ATR - Autorização de Trabalho de Risco									
Auditoria de EHS	0	0	0	0	0	0	0	0	0
Sinalizações de Segurança / Visual Aid	0		0	0			0	0	0
Capacitação específica de segurança (NR 11, NR 12, NR 33, NR 35 e etc...)	100	100	100	100	100	100	100	100	100
Instrução de Trabalho específica (LPP - Lição Ponto á Ponto)	100	100	100	100	100	100	100	100	100
ITS - Instrução de Trabalho Seguro	100	100	100	100	100	100	100	100	100
Habilitação, qualificação e/ou autorização específica (operador de plataforma, empilhadeira, ponte rolante,									
DSS - Dialogo de Saúde e Segurança	100	100	100	100	100	100	100	100	100
Integração de Segurança	100	100	100	100	100	100	100	100	100
Check List (pré-uso)	0	0	0	0	0	0	0	0	0
APR - Análise Preliminar de Risco									
SEM NECESSIDADE		100			100	100	100	100	
EPI (EQUIPAMENTO DE PROTEÇÃO INDIVIDUAL)	100		100	100					100

Fonte: Elaborado pelos autores (2017)

O Quadro 26 estabelece os respectivos pesos, conforme critério de hierarquia de controles, de tal maneira que são atribuídos pesos para cada tipo de contra medidas, ou seja, a somatória dos pesos das contra medidas resultará na eficácia de redução dos níveis de risco puro, de tal forma, que o risco residual alcance as categorias trivial ou aceitável, consideradas níveis seguros de controle de risco.

Quadro 26 - Planilha de eficácia das contramedidas

	EFICÁCIA RELATIVA DOS CONTROLES	100%	75% a 100%	50% a 75%	25 a 50%	0 a 25%
PLANILHA DE EFICÁCIA DAS CONTRAMEDIDAS	ESTUDO PARA ELIMINAÇÃO DA ATIVIDADE / PERIGO	x				
	ADEQUAÇÃO E /OU SUBSTITUIÇÃO DO PROCESSO / CONDIÇÕES FÍSICAS		x			
	IMPLANTAÇÃO DE PROTEÇÕES e DISPOSITIVOS SEGURANÇA			x		
	EQUIPAMENTO DE VENTILAÇÃO E ACLIMATIZAÇÃO			x		
	KVP / MELHORIA FOCADA			x		
	ATR - Autorização de Trabalho de Risco				x	
	Auditoria de EHS				x	
	Sinalizações de Segurança / Visual Aid				x	
	Capacitação específica de segurança (NR NR 11, NR 12, NR 33, NR 35 e etc...)				x	
	Instrução de Trabalho específica (LPP - Lição Ponto à Ponto)	x			x	
	ITS - Instrução de Trabalho Seguro				x	
	Habilitação, qualificação e/ou autorização específica (operador de plataforma, empilhadeira, ponte rolante, Talha etc)				x	
	DSS - Dialogo de Saúde e Segurança	x			x	
	Integração de Segurança	x			x	
	Check List (pré-uso)				x	
	APR - Análise Preliminar de Risco				x	
	EPI (EQUIPAMENTO DE PROTEÇÃO INDIVIDUAL)					x
	HIERARQUIA DE CONTROLES	Eliminação de processo (eliminar o perigo)	Substituição do processo (alterar a forma de fazer reduzindo, ou eliminando riscos)	Implantação de controles de engenharia / dispositivos tipo POKAYONE (Barreiras Físicas)	Implantação de procedimento / treinamentos / sinalizações (medidas administrativas)	EPI - Equipamento de Proteção Individual

Fonte: Elaborado pelos autores (2017)

Após a conclusão das avaliações de perigos e riscos, uma importante contra medida a ser implantada, devem ser a criação das Instruções de Trabalho Seguro, baseada nos resultados das avaliações de perigos e riscos. Todos os riscos críticos das atividades deveram estar detalhadamente descritos nas Instruções de Trabalho Seguro. As Instruções de Trabalho Seguro, conforme Figura 10 devem ser disponibilizadas nos postos de trabalho e estar de forma visualmente clara, ao nível dos olhos dos funcionários. Todos os funcionários deveram ser treinados, conforme necessidade, nestas Instruções de Trabalho Seguro.

Figura 10 - Modelo de Instrução de Trabalho Seguro

LPRO – Levantamento de Perigos e Riscos Ocupacionais				
Posto de Trabalho	N° Inventário	Área/CC	Data	Assinatura
Banco de teste	84114	430	29/08/2017	

Descrição da atividade	Perigos Ocupacionais	Contramedidas
Teste Funcional de Bombas Hidráulicas	Exposição a ruído industrial	Usar EPI (protetor auricular);
	Contato da pele com produtos químicos	Usar EPI (luvas de P.U.); Avental de PVC; Creme protetivo;
	Choque mecânico por objetos	Proteções e Dispositivos de Segurança conforme NR 12; Capacitação Específica de Segurança (NR12); Sinalizações de Segurança;
	Contato com máquinas em movimento	Proteções e Dispositivos de Segurança conforme NR 12; Capacitação Específica de Segurança (NR12); Sinalizações de Segurança;
	Contato com parte cortante ou perfurocortante	Usar EPI (luvas de P.U.); Sinalizações de Segurança;
	Prensagem entre objetos	Proteções e Dispositivos de Segurança conforme NR 12; Capacitação Específica de Segurança (NR12); Sinalizações de Segurança;
	Vazamento de líquidos ou gases, respingo de produtos químicos	Proteções e Dispositivos de Segurança conforme NR 12; Avental de PVC; Creme protetivo; Capacitação Específica de Segurança (NR12); PAE - Plano de Atendimento de Emergência; Bandeja de contenção de máquina;
	Controles gerenciais	Instrução de Trabalho Seguro (IT16); LUP - Lição de Um Ponto; Check List de pré-uso; DSSMA - Diálogo de Saúde, Segurança e Meio Ambiente; Auditoria EHS;

Gefährdungsbeurteilung durchgeführt gemäß N93A11.1

ATENÇÃO
USO OBRIGATÓRIO DE EPIs

Fonte: Elaborado pelos autores (2017)

4.11 Resultados

Foram realizados Levantamento de Perigos e Riscos Ocupacionais (LPRO) em treze áreas da fábrica, conforme Figura 11.

Figura 11 - Mapa da fábrica com as suas divisões

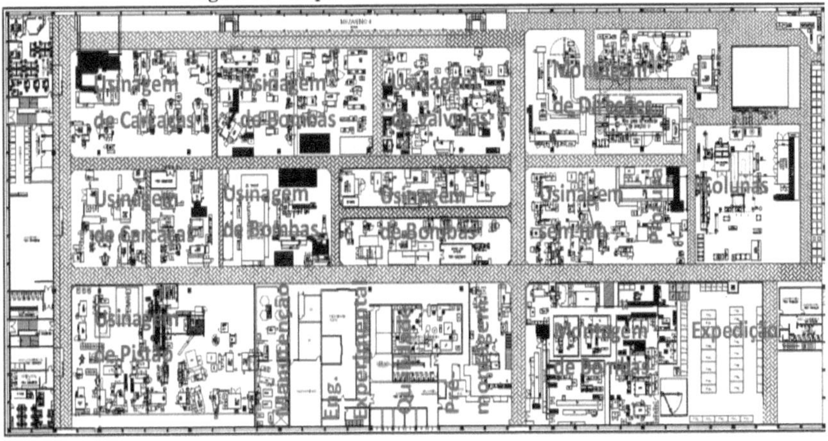

Fonte: Elaborado pelos autores (2017)

Nestes levantamentos foram identificados e avaliados 2096 riscos, considerando toda a fábrica, conforme Gráfico 2.

Gráfico 2 - Planta geral – Classificação de riscos

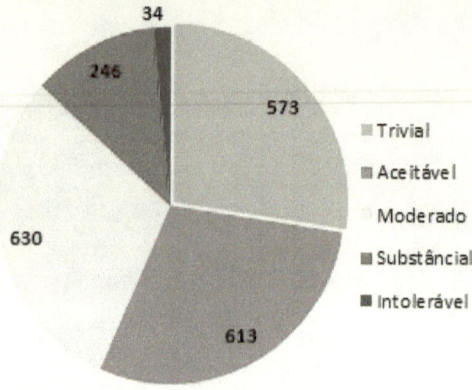

Fonte: Elaborado pelos autores (2018)

Tabela 3 - Cálculo do Fator de Risco residual da Planta - FRr

Fábrica de Direções Automotivas - Geral				
RISCO RESIDUAL			Pesos	Total
Inaceitável	34	X	10000	340000
Substâncial	246	X	1000	246000
Moderado	630	X	100	63000
Aceitável	613	X	10	6130
Trivial	573	X	10	5730
			Score	660860
FATOR DE RISCO	FRr = $\frac{660860}{20960}$ ➡ **31,53**			
FRr = Fator de Risco residual (com medidas de controle)				

Fonte: Elaborado pelos autores (2018)

Também foi verificado a classificação de riscos de cada uma das áreas da fábrica, assim como o cálculo do FRresidual, conforme Gráfico 3.

Gráfico 3 - Classificação de riscos por área

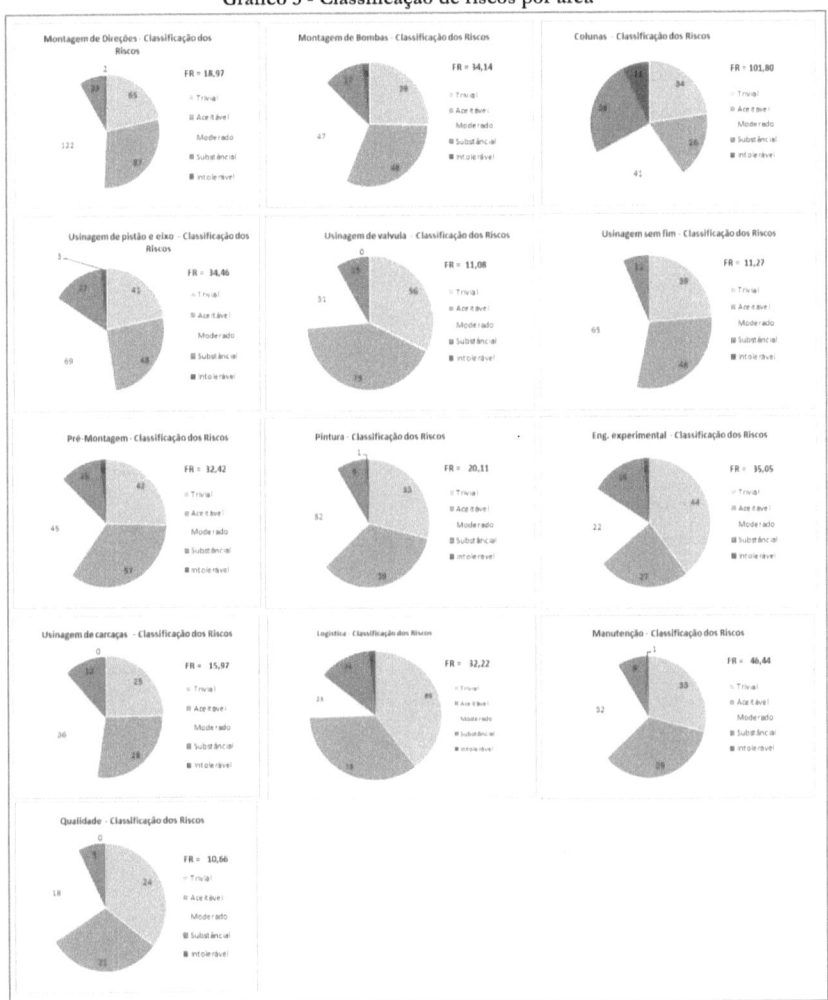

Fonte: Elaborado pelos autores (2018)

Com base nos resultados referente aos níveis de risco da planta, assim como ao FRr – Fator de Riscos residual de cada uma das áreas e da planta, resultados estes referentes ao início de 2018, a empresa deve estabelecer um plano de ação para implantação das contra medidas necessárias para os riscos classificados como intolerável, substancial e moderado, de tal maneira, a implantar estas contramedidas, para que se reduzam os riscos para as classes aceitável e trivial. Um modelo de Plano de Ação está representado na Figura 12.

Figura 12 - Modelo de Plano de Ação de Redução de Riscos

DEPARTAMENTO: HSE	ÁREA: Site Bosch Sorocaba	POSTO / MÁQUINA: Não aplicável	RESPONSÁVEL: Fábrica: Sidinei Vicentin / HSE Glauco Funes / João Ronaldo Antônio		DATA: 27/09/2017	
DESCRIÇÃO DO PROBLEMA: IMPLANTAÇÃO DE CONTRA MEDIDAS RELACIONADAS A LPRO - ÁREA EIXO PISTÃO						
☑ SEGURANÇA ☐ WO ☐ MANUT. AUTÔNOMA ☐ MANUT. PROFISSIONAL ☐ QUALIDADE ☑ MEIO AMBIENTE						
					CAR atual: R$ 400.000	
Atualizado em: 27/04/2018			FÁBRICA		#DIV/0!	
O Quê? (Atividade) "Item da Auditoria"	Quem?	Quando?	Onde?	Como?	Quanto Custa?	Status	obs:	Local na Planta Baixa
1	Usinagem de Pistão e Eixo (Brochadeira - Torno - Centro de Usinagem - Fresadora - Retífica)	Robson Biasoto	30/09/2017	403/415/416/417 - Pistão / Eixo Fase Verde e Dura	Implantar proteção que enclausure a ferramenta	R$ 2.500	OK		

Fonte: Elaborado pelos autores (2018)

Sabendo-se da importância de ter as atividades da empresa em níveis seguros nas classes de riscos aceitável e trivial, e considerando a complexidade e os custos envolvidos para a implantação destas contramedidas, a empresa definiu metas de redução gradual de riscos, de tal forma, que num prazo máximo de 5 anos, a empresa atingirá um FRr – Fator de Risco residual de 1,0. No gráfico 4 estabelece-se esta redução de forma gradual e contínua.

Gráfico 4 - Metas graduais de redução do Fator de Risco residual

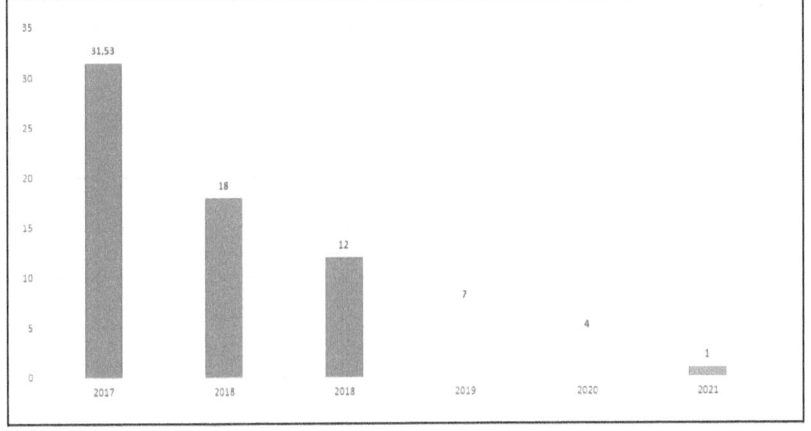

Fonte: Elaborado pelos autores (2018)

5 ETAPA 3: IMPLANTANDO UM PROGRAMA DE COMPORTAMENTO SEGURO

5.1 Conceituação

A palavra comportamento não tem um significado positivo nem negativo. Quando se trata sobre comportamento relacionado com a segurança, muitas pessoas podem interpretar que desejasse culpá-las ou que se está apenas observando atos inseguros. O comportamento é um ato observável, específico, mas nem sempre é necessário observar as ações diretamente para saber que certo comportamento ocorreu. O comportamento seguro de um trabalhador, de um grupo ou de uma organização, pode ser definido por meio da capacidade de identificar e controlar os riscos da atividade no presente para que isso resulte em redução da probabilidade de consequências indesejáveis no futuro, para si e para o outro. (BLEY, 2004)

> Acidentes de trabalho podem comprometer a competitividade das empresas e até a sua sobrevivência, pois elevam os custos, reduzem a produtividade devido à baixa disponibilidade de

pessoal e clima organizacional, além de poderem afetar a imagem da organização perante a sociedade. Geram grandes problemas para as pessoas (acidentados) e seus familiares, assim como para o país (BRANDÃO, 2009).

A literatura sugere que os altos índices de acidentes ocorridos nos diversos segmentos laborais fizeram com que um "farol" fosse aceso para as pessoas envolvidas nesse processo e que elas deveriam olhar para este cenário de forma mais abrangente.
Segundo estudos da ICNA - Insurance Company of North América -1969 (Companhia de Seguros da América da Norte), estatisticamente, mais de 96% dos acidentes, o comportamento de risco é a causa principal. Para mudar o comportamento de risco devemos identificar as causas e corrigi-las. Um Programa de Comportamento Seguro melhora os resultados em saúde e segurança, através de ações sobre os comportamentos que são a causa básica dos acidentes. As lideranças são a chave do sucesso desse processo e o envolvimento dos profissionais é indispensável. Seu envolvimento pode ser demonstrado nos comitês de segurança, treinamentos, observações, feedback, avaliações e solução de problemas.
A meta é o desenvolvimento de profissionais conscientes e motivados. Um ambiente seguro deve existir no local, como suporte para as pessoas trabalharem com segurança.
Segundo Perdue (2000) os empregados são mais propensos a se acidentarem se a empresa tiver falhas de sistema de gestão de segurança, tais como: equipamentos defeituosos, treinamentos de segurança insuficientes, políticas de segurança que não são claras, falta de reuniões de segurança, excessivo prolongamento das horas de trabalho, mão de obra inadequada, ênfase exagerada na produção (em detrimento da segurança), comunicação pobre de segurança e/ou procedimentos de disciplina orientada a culpa (ou inconsistentes).
Outro fator interessante descrito por Turbay (2007) diz que "Cada dia fica mais claro que a gestão dos aspectos humanos em segurança não pode ser realizada com base apenas em indicadores reativos como taxas de frequência, taxas de gravidade, número de acidentes ou mesmo número de horas sem

acidentes. Gerenciar as não ocorrências levando em conta somente estes fatores é quase acreditar na sorte".

Segundo Bley (2004), o chamado comportamento seguro pode ser definido por meio da capacidade de identificar e controlar os riscos da atividade no presente para que isso resulte em redução da probabilidade de consequências indesejáveis no futuro, para si e para o outro. Esses conceitos podem ser aplicados no sentido de compreender e atuar sobre o comportamento humano e suas interfaces sobre os aspectos de segurança no trabalho.

Segundo Perdue (2000) um processo de observação e feedback comportamental é um meio muito eficaz de reduzir acidentes no ambiente de trabalho. Ao observar e fornecer feedback, pares incentivam segurança ao invés de práticas de trabalho em risco um do outro. No entanto, um processo de observação e feedback comportamental é apenas uma ferramenta que utiliza os princípios da psicologia para incentivar uma cultura de segurança melhorada. Na verdade, na ausência de uma cultura de segurança implementada, se for usar somente o processo de observação e feedback, é provável que a empresa irá encontrar apenas um sucesso limitado.

O comportamento das pessoas é objeto de preocupação do homem há muito tempo. Da mesma forma que é um objeto de estudo, é um fenômeno presente no dia a dia de qualquer pessoa. Botomé (2001), ao examinar o conhecimento produzido sobre a noção de comportamento, afirma que ela evoluiu ao longo do último século em meio a confusões, equívocos e preconceitos acerca da sua conceituação e do seu uso. Os verbos utilizados para nomear os comportamentos (como prevenir, evitar, analisar) podem levar a pensar que as relações que compõem esse fenômeno são simples, o que não é verdade. Ele é um fenômeno de alta complexidade e variância, o que requer mais do que o senso comum para examina-lo e intervir sobre ele. Isso quer dizer que a máxima "de psicólogo e louco todo mundo tem um pouco" pode manter a discussão sobre comportamento e segurança no campo dos "achismos", e não no campo da ciência.

No âmbito da segurança no trabalho, o estudo da influência humana no acidente de trabalho necessita considerar o conjunto de relações que se estabelecem entre um organismo e o seu ambiente de trabalho para ser considerado como comportamental. Ao sistematizar as contribuições da

Psicologia para a prevenção dos acidentes de trabalho, examina alguns aspectos do homem, presentes na ocorrência dos acidentes de trabalho, e seus níveis de complexidade. (BLEY, 2004)

Segundo Geller (2002), um contexto organizacional favorável à prevenção caracteriza-se pelo cuidado como atitude essencial. Essa cultura favorável é definida como sendo aquela em que ocorre o que ele denomina de cuidado ativo. Cuidar de si mesmo, cuidar do outro e deixar-se cuidar pelo outro podem ser considerados como sendo um tripé no qual se apoia uma cultura organizacional que tem como característica essencial a prevenção (cultura de saúde e segurança). A característica preventiva pode ser identificada nos mais diferentes processos de uma organização como no planejamento estratégico da empresa, nas políticas corporativas, nas definições orçamentárias, nos treinamentos e nos processos internos. Dessa forma, cria-se um ambiente favorável ao aparecimento de comportamentos considerados preventivos não só por parte dos indivíduos, mas também dos pequenos grupos/setores, das lideranças e também da cúpula da organização.

Geller (2002), ao referir-se a uma cultura de segurança total, destaca três domínios que requerem atenção para que a segurança seja um valor em uma organização: fatores ambientais (equipamentos, ferramentas, temperatura); fatores pessoais (atitudes, crenças e traços de personalidade); fatores comportamentais (práticas de segurança e de risco no trabalho). Para ele, fatores pessoais e comportamentais representam a dinâmica humana da segurança ocupacional, complementada e inter-relacionada com os fatores ambientais.

Mais do que a ação visível de uma pessoa, o comportamento pode ser entendido como um conjunto de relações que se estabelecem entre aspectos de um organismo e aspectos do meio em que ele atua e as consequências da sua atuação, sendo o meio caracterizado como máquinas, ferramentas, relação com colegas e supervisores, normas e procedimentos, entre outros. O comportamento caracteriza-se por uma relação dinâmica composta por três perspectivas: o que acontece antes da ação desse organismo (ou junto com ela), a própria ação (ou o fazer) e o que acontece depois, como resultado da ação (BOTOMÉ, 2001).

O tipo de comportamento desejável em segurança é aquele que possui como resultado a não ocorrência de doenças e acidentes de trabalho. Uma análise do comportamento de prevenção (um estudo das variáveis que afetam o comportamento em exame) significa identificação das variáveis contingentes às respostas do organismo relacionadas aos riscos presentes, que influem sobre a probabilidade do comportamento ocorrer no futuro. Identificar e analisar aquilo que interfere na ocorrência dos comportamentos de trabalho podem ser uma maneira de conhecer as relações funcionais existentes, que elevam ou que reduzem as probabilidades de ocorrerem acidentes de trabalho.

A gestão de segurança com base no comportamento é uma prática que identifica os comportamentos considerados seguros e aqueles considerados indesejáveis, a partir dos quais os comportamentos considerados críticos são selecionados. A sistemática consiste em realizar auditorias e verificações de tarefas sistemáticas, conduzidas inicialmente pelos níveis de liderança, chamados de observadores, os quais tem o papel de identificar os comportamentos das suas pessoas na sua rotina de trabalho, reforçar positivamente as pessoas pelos comportamentos seguros e orientá-las quantos aos itens considerados inseguros. Os desvios são tratados estatisticamente a partir do que se inicia um ciclo de identificação de problemas, com o objetivo de identificar e propor ações para prevenir a ocorrência daqueles comportamentos julgados inadequados, principalmente aqueles classificados como críticos.

5.2 Estudo de caso n° 03 – Implantação do Programa de Comportamento Seguro em uma Fábrica de Cimento

O presente estudo de caso foi realizado no ano de 2017 em uma fábrica de cimento, aqui denominada Empresa Y, que produz tanto cimento ensacado, quanto cimento á granel. O processo operacional consiste em minerar calcário e argila, que são as principais matérias primas do cimento. Além destas matérias primas que são lavradas nas minas á céu aberto e subterrânea pertencentes a empresa, são compradas materiais usados como aditivos deste produto, que são escória e calcário. Após estes materiais serem homogeneizados, os mesmos são processados em moagens de cru, onde produzirá o material cru, chamado também de farinha, a próxima etapa do processo é a clinquerização, onde a farinha será transformada em fornos rotativos, no material chamado clinquer. O clinquer então passará por um processo de moagem, tornando se então cimento que poderá ser vendido, tanto ensacado e a granel, como ilustra a figura13.

Figura 13 - Fluxograma do processo de fabricação de cimento

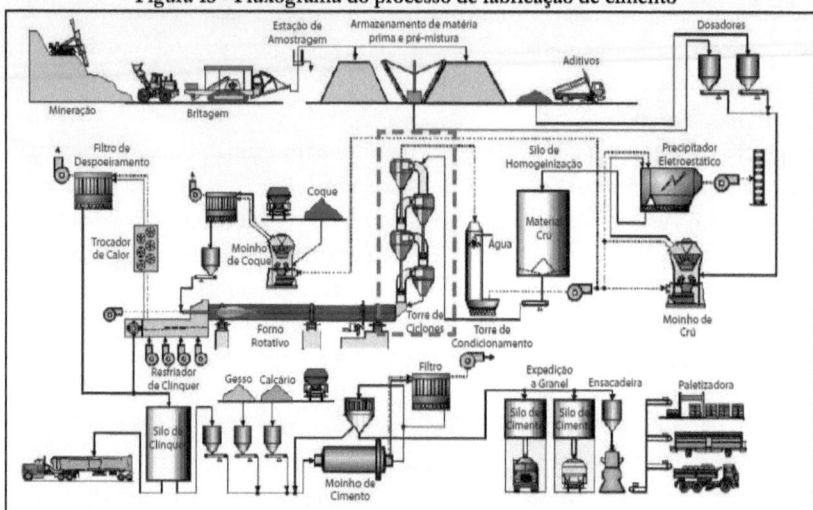

Fonte: Elaborado pelos autores (2018)

5.2.1 Objetivos do Programa de Comportamento Seguro

Estabelecer as diretrizes e os critérios para Abordagem e Verificação de Comportamento Seguro, visando criar e/ou fortalecer o hábito (Atitude) das pessoas para a prevenção de riscos de SSO utilizando a ORT – Observação de Riscos no Trabalho.

5.2.2 Responsabilidades:

Gerentes:
- Assegurar que este padrão seja cumprido na sua integra em sua unidade;
- Realizar como Observador nas ORTs conforme programação da unidade;

- Estabelecer reunião de análise crítica regularmente;
- Utilizar o indicador proativo para embasar suas decisões;
- Participar ativamente no compromisso visível quanto a Segurança Comportamental.

Coordenadores, Supervisores e Chefias:
- Realizar como Observador nas ORTs conforme programação da unidade;
- Definir ações preventivas e corretivas relacionadas ao comportamento seguro quando necessárias;
- Atuar constantemente para o desenvolvimento da cultura do comportamento seguro entre seus subordinados;
- Remover "barreiras" ao comportamento seguro, que estejam ao seu alcance.
- SESMT – Serviço Especializado da Medicina do Trabalho
- Realizar como Observador nas ORTs conforme programação;
- Definir ações preventivas e corretivas relacionadas ao comportamento seguro quando necessárias;
- Atuar constantemente para o desenvolvimento da cultura do comportamento seguro entre seus subordinados;
- Remover "barreiras" ao comportamento seguro, que estejam ao seu alcance.

5.2.3 Requisitos Básicos.

Para efetivar a implantação de Programas de Comportamento Seguro, os seguintes passos devem ser implementados:
- Sensibilização para os riscos de SSO e o impacto sobre a qualidade de vida.
- Consolidação e divulgação de normas e padrões válidos para as unidades desenvolvidas.
- Definição do tratamento de dados para o reconhecimento individual ou coletivo.

- Constituição do comitê nas unidades para análise dos resultados.
- Instalação de campanha promocional.
- Treinamento dos Observadores (Lista de verificação e técnicas de avaliação) com representantes em todos os níveis da estrutura organizacional da unidade.
- Adoção de COACHING (Observação do observador), visando evitar vícios, conflitos de interesse e identificar necessidades de treinamentos de Observadores.

5.2.4 Premissas da Observação

O Observador deverá verificar sistematicamente as atividades/tarefas realizadas preferencialmente nas áreas da unidade, envolvendo colaboradores destas de outras áreas, bem como prestadores de serviços, a fim de identificar, medir, avaliar, corrigir e controlar as atitudes comportamentais não conforme.

Observador, imediatamente após identificar o comportamento não conforme deverá, no ato, esclarecer os procedimentos e objetivos da observação, focar primeiramente as atitudes conforme e REAGIR para as atitudes não conforme, adotando a medida de controle, apropriada e cabível, orientando quanto à forma segura para realização da tarefa, e qual ou quais preparações, deverão ser tomadas, para permitir que o serviço seja continuado, desta vez, dentro dos padrões e requisitos de segurança, conforto e higiene. No caso de dúvidas, o profissional da Área de Segurança poderá ser acionado, para ajudá-lo no que couber. O ciclo das observações pode ser visto na Figura 14.

Figura 14 - Ciclo do processo de observações do comportamento seguro

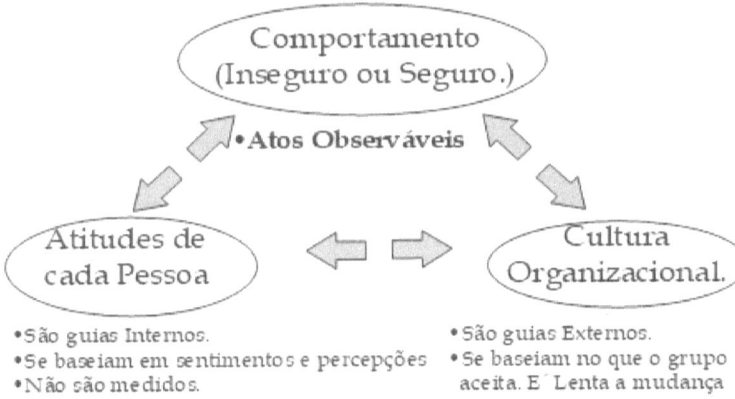

Fonte: Elaborado pelos autores (2018)

5.2.5 Metodologia da Observação

O desenvolvimento da sistemática da ORT, está baseado em 7 (sete) passos:

1º - Vá para a ação

Neste primeiro passo, também chamado de Preparação, devemos escolher o dia, a hora, o local e a atividade a ser observada. Devemos observar quando houver maior exposição, considerando que o horário de maior movimento sempre é menos conveniente. Entretanto é neste horário, quando o empregado está mais ocupado, que o risco de acidente é maior. Por outro lado, para o Observador, este pode ser o horário em que ele também está ocupado e o supervisor pode não permitir que ele faça a Observação. Casos como esses exigem um grande esforço dos envolvidos.

É aconselhável uma estratégia para otimizar a Observação. Ver qual é o modo mais eficaz de programa-la, como tomar amostras dos comportamentos mais críticos nos 20 a 30 minutos permitidos e verificar o melhor horário. Sempre que possível, fazer em duplas.

Exige também um suporte ou apoio da Supervisão e dos colegas de trabalho.

2º - Observe abertamente/ centrado na situação

É indispensável que as pessoas saibam que você está observando-as. Você não é um espião. Não se esconda. É sempre importante você se apresentar, mesmo para as pessoas acostumadas a serem observadas. Fale o nome da pessoa e, se achar necessário, aperte a sua mão. O objetivo é "fazer contato". Com o tempo, esta apresentação pode ser breve e casual.

Explique o Processo à pessoa que está sendo observada. Reforce a importância da Observação e do Feedback para melhorar a Segurança na unidade. Fale que não serão registrados nomes de pessoas observadas e que nenhuma ação disciplinar será tomada em função do que será registrado. Procure criar uma atmosfera positiva. Mostre entusiasmo, ofereça colaboração, seja amigo, aja com respeito. Seja sempre um bom exemplo. Use os EPIs adequados para o local onde a Observação é realizada.

3º - Interage com o Observado

Observe como se fosse a primeira vez. Afaste-se um pouco do local e observe o cenário como se fosse a primeira vez, tome o tempo que for necessário. Relaxe. Não se apresse. Resista a tentação de sair preenchendo a ORT. Registre o que vê quando se achar preparado. Considere sempre o potencial do risco.

Converse com a pessoa ressaltando os pontos positivos e depois, sobre os possíveis desvios comportamentais. Faça, a você mesmo, as seguintes perguntas:
- Qual a atividade que está desenvolvendo?
- Quais os riscos envolvidos nesta atividade?
- O que, neste local, pode causar um acidente?
- Como o acidente pode acontecer?
- Que tipo de lesão o acidente pode causar?

OBS.: Não preencha o formulário na frente ou durante a interação direta com o Observado, isto pode inibir suas respostas.

4º. - Observe baseado na folha de ORT

Seja sistemático. Percorra seu formulário de Observação de Risco no Trabalho (ORT), procurando observar cada comportamento ali registrado. Use sua ORT como uma lista de verificação. Use as definições dos comportamentos para ajudar a decidir se estes são seguros ou de risco. Circule pelo ambiente de trabalho, procurando diferentes ângulos para visualizar todos os detalhes.

Registre os comportamentos conforme observado. O objetivo do sistema é fornecer uma medição muito sensível do nível de Segurança da Unidade e de sua evolução num determinado período de tempo.

Três regras para registrar os comportamentos observados:

Regra 1: Não registre o que você não vê. Neste caso registre NA (Não Aplicado) ou deixe em branco o espaço correspondente àquele comportamento. Se a pessoa observada não subir nem descer uma escada, mesmo que exista escada no local de trabalho, para o comportamento "Subindo e Descendo" registre NA.

Regra 2: Procure identificar riscos potenciais: se a pessoa está utilizando máscara contra gases, pergunte se entende os testes de vedação e critério do uso do filtro. Isto pode evitar uma possível intoxicação.

Regra 3: Nos casos de Housekeeping, o qual trata se de um programa de organização e limpeza, procedimentos (controle de risco energético ou energia nula, sinalização, espaço confinado, etc.), quando existir uma ou mais pessoas com um comportamento de risco, deve-se registrar sempre focando a situação de risco.

5º - Forneça feedback verbal

Quando estiver observando, faça o possível para evitar que um acidente, prestes a acontecer, ocorra. Interrompa, se necessário, o trabalho de uma pessoa que está numa atitude de alto risco, ou, em não havendo risco eminente de acidente, faça todas as anotações.

Durante o feedback, seja positivo e demonstre entusiasmo. Seu trabalho não é identificar culpados.

Primeiro, enfatize os comportamentos seguros. Reconheça pequenas melhorias ocorridas com a Segurança no local de trabalho. Este reconhecimento contribui para que a mudança progrida. Em seguida, converse sobre os desvios comportamentais observados. Procure identificar as causas. Quais são as barreiras que estão favorecendo a adoção destes comportamentos.

Não discuta com a pessoa que está sendo observada. Resistência à mudança é natural e é provável que ela apareça.

Converse com as pessoas. Ao discutir preocupações sobre os desvios comportamentais, não faça preleções sobre procedimentos, regras ou regulamentos de Segurança. Converse apenas sobre o que você observou. É muito importante promover o consenso quanto s riscos observados.

Sempre que necessário e possível, forneça assistência. Procure ajudar a resolver problemas.

6º- Escreva os comentários

Os comentários ajudam a identificar as barreiras. Nem sempre é fácil ou possível trabalhar com segurança. Frequentemente, existem barreiras que favorecem os comportamentos de risco.

Escreva comentários enquanto observa. Você pode não se lembrar dos detalhes se aguardar para fazer isso depois.

Registre o que as pessoas dizem a você. Durante o feedback as pessoas podem falar sobre preocupações ou sugestões. Anote-as para certificar-se de que uma ação possa ser tomada em relação a elas.

Todos os comportamentos de risco precisam de descrição e comentários. Escreva detalhes sobre o risco e sobre as coisas que contribuíram para a existência do mesmo.

Sempre que possível, deve-se iniciar a implementação das melhorias imediatamente após o feedback. Quando não for possível, registre recomendações para que sejam encaminhadas para as pessoas responsáveis pela sua implementação.

Faça comentários positivos. Os comentários não precisam ser apenas sobre problemas.

7º - Coloque tudo no papel

Nesta fase do procedimento, você deve entregar a ORT preenchida, com palavras legíveis, para facilitar a digitação e o entendimento dos dados coletados.

Após a digitação, os dados serão utilizados para a elaboração de relatórios que devem ser analisados pelo Comitê. Desta análise podem ser gerados recomendações e planos de ação para a remoção de barreiras e melhorias contínuas na Segurança.

Relatórios, recomendações e planos de ação podem ser divulgados para todos os níveis da organização, através dos meios disponíveis.

A seguir estão listados os itens que deverão ser observados e que fazem parte do formulário da ORT (figura 15):

1º - Direito de recusa
2º - Posição em relação ao risco / uso do corpo
3º - Posição ergonômica: corpo, mãos e pés
4º - Percepção de risco /reação diante de um desvio
5º - Organização e manutenção do Ambiente de Trabalho
6º - EPIs (uso, conservação, adequação) e EPCs
7º - Cumprimentos de Procedimentos e boa prática operacional

8º - Cumprimento da Sinalização e isolamento de segurança

9º - Uso de Veículos, Ferramentas e Equipamentos

10º - Cumprimento do bloqueio de energias

Figura 15 - Formulário de Observação de Riscos de Trabalho (ORT)

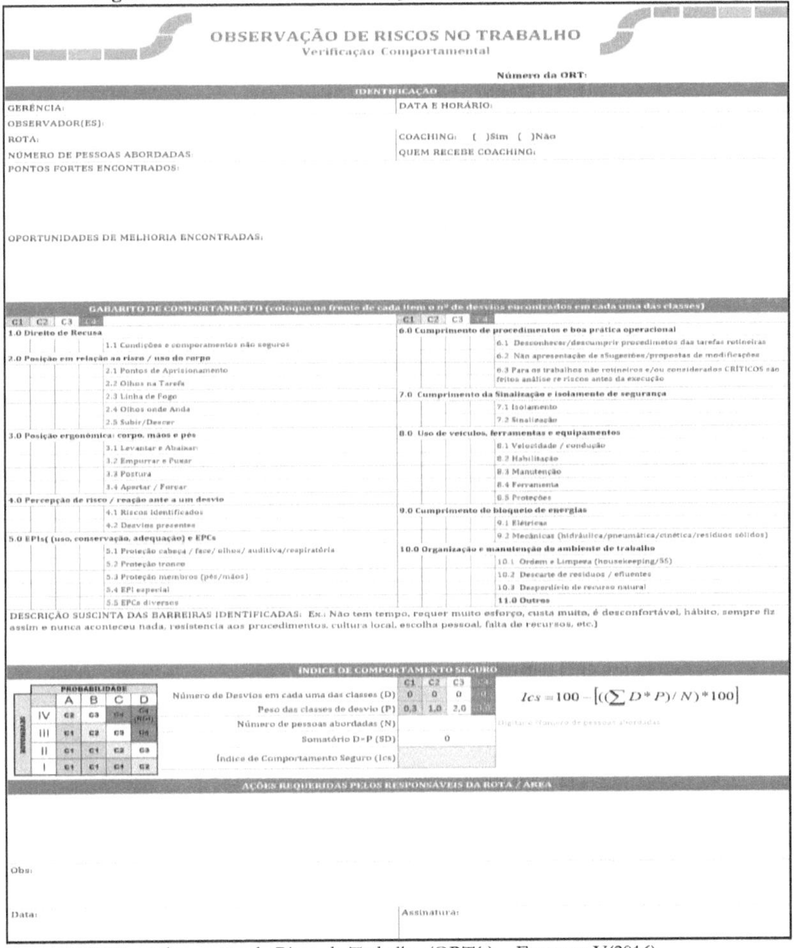

OBSERVAÇÃO DE RISCOS NO TRABALHO
Verificação Comportamental

Número da ORT:

IDENTIFICAÇÃO

GERÊNCIA: | DATA E HORÁRIO:
OBSERVADOR(ES):
ROTA: | COACHING: ( )Sim ( )Não
NÚMERO DE PESSOAS ABORDADAS: | QUEM RECEBE COACHING:
PONTOS FORTES ENCONTRADOS:

OPORTUNIDADES DE MELHORIA ENCONTRADAS:

GABARITO DE COMPORTAMENTO (coloque na frente de cada item o nº de desvios encontrados em cada uma das classes)

C1	C2	C3	C4	Item
				1.0 Direito de Recusa
				1.1 Condições e comperamentos não seguros
				2.0 Posição em relação ao risco / uso do corpo
				2.1 Pontos de Aprisionamento
				2.2 Olhos na Tarefa
				2.3 Linha de Fogo
				2.4 Olhos onde Anda
				2.5 Subir/Descer
				3.0 Posição ergonômica: corpo, mãos e pés
				3.1 Levantar e Abaixar
				3.2 Empurrar e Puxar
				3.3 Postura
				3.4 Apertar / Forçar
				4.0 Percepção de risco / reação ante a um desvio
				4.1 Riscos identificados
				4.2 Desvios presentes
				5.0 EPIs((uso, conservação, adequação) e EPCs
				5.1 Proteção cabeça / face/ olhos/ auditiva/respiratória
				5.2 Proteção tronco
				5.3 Proteção membros (pés/mãos)
				5.4 EPI especial
				5.5 EPCs diversos

C1	C2	C3	C4	Item
				6.0 Cumprimento de procedimentos e boa prática operacional
				6.1 Desconhecer/descumprir procedimetos das tarefas rotineiras
				6.2 Não apresentação de sSugestões/propostas de modificações
				6.3 Para os trabalhos não rotineiros e/ou considerados CRÍTICOS são feitos análise re riscos antes da execução
				7.0 Cumprimento da Sinalização e isolamento de segurança
				7.1 Isolamento
				7.2 Sinalização
				8.0 Uso de veículos, ferramentas e equipamentos
				8.1 Velocidade / condução
				8.2 Habilitação
				8.3 Manutenção
				8.4 Ferramenta
				8.5 Proteções
				9.0 Cumprimento do bloqueio de energias
				9.1 Elétricas
				9.2 Mecânicas (hidráulica/pneumática/cinética/resíduos sólidos)
				10.0 Organização e manutenção do ambiente de trabalho
				10.1 Ordem e Limpeza (housekeeping/5S)
				10.2 Descarte de resíduos / efluentes
				10.3 Desperdício de recurso natural
				11.0 Outros

DESCRIÇÃO SUSCINTA DAS BARREIRAS IDENTIFICADAS: Ex.: Não tem tempo, requer muito esforço, custa muito, é desconfortável, hábito, sempre fiz assim e nunca aconteceu nada, resistencia aos procedimentos, cultura local, escolha pessoal, falta de recursos, etc.)

ÍNDICE DE COMPORTAMENTO SEGURO

SEVERIDADE	PROBABILIDADE A	B	C	D
IV	C2	C3	C4	C4 (RG4)
III	C1	C2	C3	C4
II	C1	C1	C2	C3
I	C1	C1	C1	C2

	C1	C2	C3	C4
Número de Desvios em cada uma das classes (D)	0	0	0	0
Peso das classes de desvio (P)	0,3	1,0	2,0	[illegible]
Número de pessoas abordadas (N)				
Somatório D×P (SD)	0			
Índice de Comportamento Seguro (Ics)				

$$Ics = 100 - \left[\left(\left(\sum D * P\right) / N\right) * 100\right]$$

Digitar o Número de pessoas abordadas

AÇÕES REQUERIDAS PELOS RESPONSÁVEIS DA ROTA / ÁREA

Obs:

Data: | Assinatura:

Fonte: PD4018 – Observação de Risco de Trabalho (ORT´s) – Empresa Y(2016)

5.2.6 Rotas de Observação

Para a realização das ORTs a unidade deve ser dividida em Rotas de Observação, que possam ser percorridas no tempo de 40 a 50 minutos. Esta divisão deve cobrir todas as áreas fazendo um agrupamento por áreas adjacentes. O número de Rotas poderá ser definido pela própria unidade, sendo que não há restrição de quantidade.

Para facilitar o entendimento a Figura 16 traz um exemplo de uma unidade fabril em planta baixa, mostrando a divisão em Rotas e mais abaixo o Quadro 27, relacionando as Rotas e suas respectivas áreas.

Figura 16 - Planta Baixa – Fábrica de Cimento

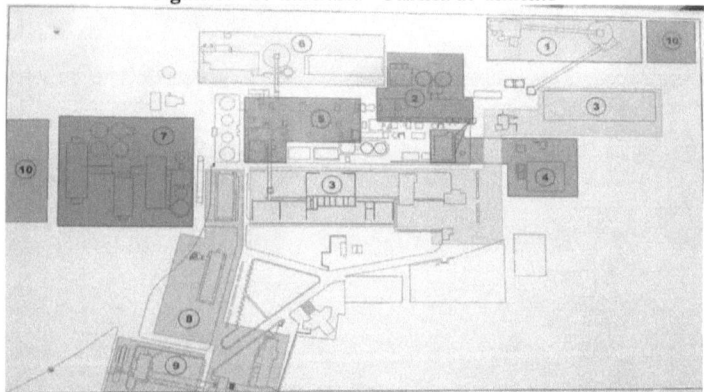

Fonte: PD4018 – Observação de Risco de Trabalho (ORT´s) – Empresa Y(2016)

Quadro 27 - Quadro Legenda - Rotas

ROTAS	ÁREAS
Rota 1	Britador e Silo de calcário, Peneiramento
Rota 2	Moagem de Cru, torre de ciclone e silos de farinha
Rota 3	Hall de argila, britador de argila
Rota 4	Moagem de coque
Rota 5	Área do Forno e comando central
Rota 6	Oficinas, silo de clinquer e moagem de cimento
Rota 7	Carregamento rodoviário e silos de cimento
Rota 8	Escritório administrativo e Portaria
Rota 9	Logística
Rota 10	Pátios de estocagem de matérias-primas

Fonte: PD4018 – Observação de Risco de Trabalho (ORT´s) – Empresa Y(2016)

5.2.7   Frequência das ORTs e Abordagem de Pessoas

A condição mínima para condução do programa Comportamento Seguro é a realização de duas ORT / por Observador, exemplificada no Quadro 28.

Quadro 28 - Cargos x frequência ORT´s

Cargo/Função	Frequência de ORTs/ mês	No. Mínimo de pessoas abordadas / ORT
Gerentes de Unidades	Entre 4 e 8	6
Gerentes de área	Entre 4 e 8	6
Coordenadores	Entre 9 e 12	9
Supervisores/Chefias	Entre 9 e 12	9

Fonte: PD4018 – Observação de Risco de Trabalho (ORT´s) – Empresa Y(2016)

5.2.8 Programação das Observações

Mensalmente a unidade deve fazer um cronograma com a previsão de realização das Observações, sendo que todas as Rotas serão contempladas, e ainda, os Observadores programados com a frequência conforme descrito no item acima.

5.2.9 Classificação dos desvios X grau de riscos dos desvios

Para a definição das Classes dos Desvios serão utilizados o cruzamento dos Quadros 29 e 30, Probabilidade e Gravidade, cujos resultados estão espressos nas tabelas 4 e 5:

Quadro 29 - Probabilidade

PROBABILIDADE		FREQÜÊNCIA DO EVENTO
A	Extremamente Remota	Uma falha/evento em mais de 10^7 horas (**1.140 anos**) de operação; Não há notícia de ocorrência anterior na literatura técnica; Exige falha múltipla de sistemas de proteção.
B	Improvável	Uma falha/evento entre 10^5 e 10^7 horas de operação (**11,4 anos a 1.140 anos**); Há registro de ocorrência na literatura; Exige falhas múltiplas.
C	Provável	Uma falha/evento entre 10^4 e 10^5 horas de operação (**1,14 ano a 11,4 anos**); Pode-se esperar uma ocorrência na vida operacional da planta; Pode ocorrer por causas localizadas.
D	Freqüente	Uma falha/evento em menos de 10^4 horas de operação (**1,14 ano**); Ocorre seguidamente na vida operacional.

Fonte: PD4018 – Observação de Risco de Trabalho (ORT´s) – Empresa Y(2016)

Quadro 30 - Severidade

SEVERIDADE		EFEITO
I	Desprezível	A falha NÃO irá resultar numa degradação maior do sistema, nem irá produzir danos funcionais ou lesões, ou contribuir com risco ao sistema.
II	Marginal	A falha IRÁ degradar o sistema numa certa extensão, porém, **sem envolver danos maiores ou lesões**, podendo ser compensada ou controlada adequadamente.
III	Crítica	A falha IRÁ degradar o sistema **causando lesões**, danos substanciais (às pessoas, instalações ou meio ambiente), ou irá resultar num risco aceitável, necessitando ações de bloqueio imediatas.
IV	Catastrófica	A falha IRÁ produzir **severa degradação** do sistema, resultando em sua **perda total** e/ou **lesões incapacitantes** e/ou **morte** e/ou **impactos ambientais** e/ou danos irreversíveis nas instalações.

Fonte: PD4018 – Observação de Risco de Trabalho (ORT´s) – Empresa Y(2016)

Tabela 4 - Probabilidade x Severidade

SEVERIDADE	PROBABILIDADE			
	A	B	C	D
IV	2	3	4	4*
III	1	2	3	4
II	1	1	2	3
I	1	1	1	2

Fonte: PD4018 – Observação de Risco de Trabalho (ORT's) – Empresa Y(2016)

Tabela 5 - Classificação dos desvios

Grau de Risco P x S	Classe do Desvio	Peso do Desvio	Grau de Tolerância
1	C1	0,3	Administrável (DDS)
2	C2	1,0	Mediana (Ações Pontuais)
3	C3	2,0	Baixa (Ações Sistêmicas)
4	C4	3,0	Nenhuma

Fonte: PD4018 – Observação de Risco de Trabalho (ORT's) – Empresa Y(2016)

5.2.10 Indicador Proativo de Desempenho

Índice de Comportamento Seguro (I_{cs})

$$Ics = 100 - \left[(\sum D * P) / N) * 100 \right]$$

D = n° de desvios

P = peso dos desvios

N = no. de pessoas observadas

Unidade de medida = %

Tabela 6 - Classificação do Índice de Comportamento Seguro (Ics)

ICS OBTIDO (%)	CLASSIFICAÇÃO
I_{cs} > 80,0	Ótimo
75,0 < I_{cs} = 80,0	Muito Bom
70,0 < I_{cs} = 74,9	Bom
60,0 < I_{cs} = 69,9	Regular
I_{cs} < 60,0	Fraco

Fonte: PD4018 – Observação de Risco de Trabalho (ORT´s) – Empresa Y(2016)

É importante ressaltar que a rapidez na Observação é uma das chaves da representatividade do indicador de comportamento seguro, portanto a dupla de Observadores deve passar pela rota com objetividade, discrição, e concentração nos pontos positivos, desvios e observações. É fundamental que a correção dos desvios seja rápida, objetiva e efetiva, sem muito diálogo, pois quanto maior o número de desvios observados maior a representatividade da amostragem.

5.2.11 Tratamento dos Desvios e Barreiras Comportamentais

Os desvios comportamentais devem ser corrigidos de forma direta e imediata.
Em casos de identificação de Classe de Desvio C3, deve-se corrigir o comportamento imediatamente (no momento da Observação) e de Desvio C4 e

RGI, a atividade deve ser paralisada imediatamente e só retornar quando medidas corretivas e preventivas forem implementadas.

Além de relacionar os desvios e classifica-los, é importante que as barreiras comportamentais sejam também identificadas para que se promova junto ao Observado a importância de se promover o comportamento seguro.

Abaixo seguem exemplos de barreiras que podem se manifestar durante a realização das Observações, dentre outras:

- Não tem tempo...
- Requer muito esforço...
- Custa muito..
- É desconfortável..
- Hábito
- Sempre fiz assim e nunca aconteceu nada...
- Resistencia aos procedimentos..
- Cultura local...
- Escolha pessoal ...
- Falta de recursos ...

5.2.12 Resultados

O Comitê da Unidade deve analisar criticamente o processo de gestão da Observação de Riscos no Trabalho, em intervalos planejados (pelo menos 1 vez por mês), para assegurar sua contínua compatibilidade, adequação e eficácia. As análises críticas devem incluir a avaliação de oportunidades para melhoria, redução da quantidade e criticidade dos desvios e a necessidade de alterações neste processo, para eliminação de tendência não positiva do indicador.

Conforme pode-se observar no Gráfico 5, os resultados do primeiro trimestre foram favoráveis, pois estavam enquadrados nas faixas "bom" e "muito bom" estabelecidas na Tabela 6. Da mesma forma, pode-se observar que no trimestre seguinte, ou seja, entre abril e junho, houve uma queda acentuada da aderência do ICS, ficando os resultados deste período na faixa caracterizada como "fraco".

No terceiro trimestre, observa-se que excepcionalmente no mês de julho, o resultado subiu para uma faixa de classificação "muito bom" , não se mantendo

este bom resultado para os dois meses seguintes deste trimestre, onde os resultados voltaram a cair , fechando ambos os meses com a classificação na faixa "fraco".
No último trimestre do ano, os resultados do ICS obtiveram uma leve melhora, ficando numa faixa classificada como "regular".
O resultado médio do ano do ICS: Índice de Comportamento Seguro da empresa, fechou em 66, ou seja, conforme Tabela 6, a classificação da empresa no ano de 2017 foi considerada regular.

Gráfico 5 - Índice de Comportamento Seguro (ICS) 2017

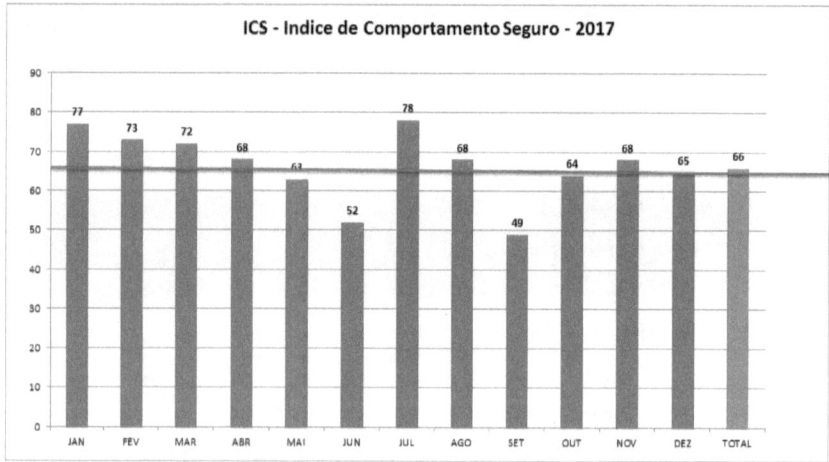

Fonte: Elaborado pelos autores (2018)

O Gráfico 6 demonstra o total de itens identificados pelos observadores, na aplicação das ORTs´s (Observação de Riscos do Trabalho), conforme definição de cada um dos itens abaixo descritos:

1) Instalações e equipamentos: Refere-se a situações em que o funcionário expõe-se a riscos, em função de condições inseguras inerentes as instalações e equipamentos em que o mesmo está realizando a atividade.

2) Falta de percepção de riscos: Este item refere-se a situações em que durante a observação, o observador identifica alguma falha na avaliação de riscos do funcionário na execução da atividade. Percebe-se que algum risco importante não foi considerado e por consequência, medidas de precaução não são tomadas adequadamente.

3) Autoconfiança: Refere-se a situações em que o funcionário extrapola na auto confiança, identificada através de entrevista, durante a aplicação da ORT – Observação de Riscos de Trabalho, o qual se transforma em desprezo por alguns dos riscos da atividade, desconsiderando muitas vezes, o impacto que os mesmos possa trazer.

4) Fatores pessoais: Estes fatores estão relacionados as situações que ocorrem com o funcionário em sua vida particular, o qual pode ter um impacto na realização da atividade com segurança.

5) Reconhecimento/recompensa: Este item esta relacionado a falta de percepção que o funcionário tem em relação ao reconhecimento que o mesmo deve ter quando realiza a atividade de forma segurança, seguindo os padrões de comportamento seguro estabelecidos.

6) Processos ineficientes ou inadequados: Falha ou falta de procedimentos e regras claras e factíveis para a execução adequada da atividade. Durante a entrevista, o observador conseguem identificar deficiências nos recursos (humanos ou materiais) para a realização segura da atividade.

7) Cultura permissiva: Durante a observação, o observador identifica que comportamentos inseguros existentes na realização da atividade estão relacionados a aceitação pela empresa, de uma cultura permissiva, passando a impressão que todos os envolvidos na atividade, incluindo a liderança, aceitam passivamente alguns os riscos da atividade, sem as medidas preventivas necessárias.

8) Escolha pessoal: Este item refere-se a escolha pessoal que o funcionário opta por fazer, nem sempre considerando o padrão de comportamento seguro para a realização da atividade, já estabelecido em procedimento e devidamente divulgada. O funcionário opta pelo comportamento inseguro, por ser mais conveniente a ele, ou seja, busca primeiro a praticidade, agilidade, facilidade em detrimento ao comportamento seguro.

Observando o Gráfico 6, identifica-se que os itens que aparecem com maior frequência são: "percepção de risco", "auto confiança" e "escolha pessoal". Este três itens representam em torno de 60% dos comportamento inseguros identificados no ano de 2017 e tem uma característica em comum, todos eles referem-se a liberdade de ação dos funcionários, ou seja, estão relacionadas avaliação e tomada de decisão dos funcionários, independente de processos estabelecidos e condições adequadas de trabalho.

Gráfico 6 - Barreiras comportamentais 2017

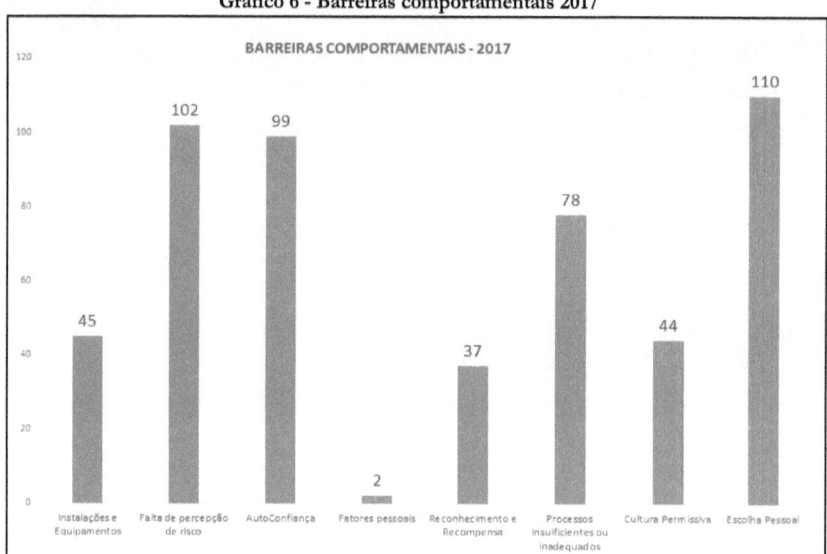

Fonte: Elaborado pelos autores (2018)

O estudo de caso apresentou uma sistemática de programa de comportamento seguro bem estruturada, o qual foca a abordagem da liderança da empresa em relação verificação da aderência no desenvolvimento das atividades às práticas e atitudes consideradas como um padrão seguro. Foi verificado também, que a metodologia foca no papel da liderança neste processo, ou seja, entende-se como fator fundamental o papel da liderança numa mudança de comportamento das pessoas para uma cultura mais voltada a prevenção de acidentes, pois além de difundirem o padrão de comportamento esperado, haja vista como líderes possui a influência para fazer isto, reforçam o aprendizado sobre os comportamento esperados para a execução de um trabalho seguro, feitas através das observações realizadas, onde corrigem desvios e reforçam positivamente os comportamentos esperados. Observando os resultados do estudo de caso representados nos gráficos 5 e 6, podemos concluir que a empresa conseguiu identificar oportunidades para aumentar do nível de comportamento seguro, pois os itens estão relacionados o quanto o funcionário subestima ou tem bem desenvolvida a capacidade de análise crítica dos riscos existentes na atividade, assim como quantificar os impactos e a gravidade da destes riscos para eles, terceiros e para as instalações da empresa, e ainda se as contramedidas são suficientes para controlar os riscos. Para aumentar cada vez mais esta percepção de riscos, a empresa deve continuar com este programa, haja vista, tratar se um processo de aprendizado contínuo e permanente para todos os níveis na empresa em que todos saem ganhando.

6 ETAPA 4: A GESTÃO ATRAVÉS DE INDICADORES

6.1 Definições básicas

Somente é possível gerenciar é aquilo que conhecemos é para conhecer é necessário medir e avaliar. ISHIKAWA (1993)

Segundo LAPA (2006) os indicadores de desempenho de segurança constituem, portanto, uma forma de expressar o estágio do processo em termos de resultados e constitui a medição do desempenho desse processo. Todos os indicadores de efeito da dimensão podem ser classificados como indicadores reativos, pois medem a ocorrência do evento e a sua consequência, seja ela real ou potencial. Já os indicadores tidos como preventivos, medem ações que podem contribuir para a prevenção de acidentes e independem de sua ocorrência como, por exemplo, os indicadores de treinamento.

Os indicadores-chave de desempenho, estão focados em como a tarefa é realizada, **medindo seu desempenho** e se estão conseguindo atingir os objetivos determinados. Esse indicador deve ser quantificável por meio de um índice (normalmente representado por um número) que retrate o andamento do processo como um todo ou em parte.

Os indicadores têm como objetivo permitir que toda empresa, e principalmente a alta direção, visualizem o desempenho do Sistema de gestão de saúde e segurança ocupacional como um todo, possibilitando a realização de uma autoavaliação e o estabelecimento de planos para eventuais correções de rumos. Eles devem ser pensados desde o planejamento do sistema, antes de sua implantação efetiva.

Os indicadores reativos demonstram, em resumo, as ocorrências e suas consequências, ou seja, o que já aconteceu, os seus impactos, permitindo assim que a empresa possa fazer uma leitura dos seus resultados de segurança, de tal maneira que permita se comparar com outras empresas com qualquer característica, podendo ser do mesmo ou de outros ramos, tamanhos e grau de riscos diferentes.

Os indicadores preventivos devem ser estabelecidos de tal maneira que possam demonstrar o esforço preventivo que a empresa faz, sejam no comprometimento da sua liderança com a segurança do seu funcionário, quantidade de treinamentos em segurança, resolução de condições inseguras, desvios comportamentais combatidos e etc... É fundamental que estes indicadores reflitam no desempenho dos indicadores reativos, ou seja, devem ter correlação inversamente proporcional, ou seja, quanto maior o esforço preventivo (indicador preventivo), menor deveram ser as ocorrências de acidentes e/ou doenças ocupacionais (indicador reativo), conforme Gráfico 7: Correlação entre indicadores reativos e preventivos de segurança.

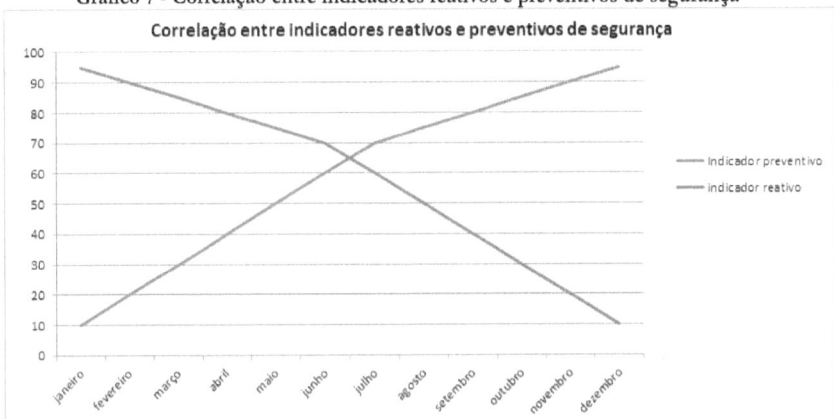

Gráfico 7 - Correlação entre indicadores reativos e preventivos de segurança

Fonte: Elaborado pelos autores (2018)

6.2 Indicadores utilizados para medir o risco no trabalho

Há diversos indicadores que podem ser construídos visando medir o risco no trabalho. A OIT utiliza dois indicadores para medir e comparar a periculosidade entre diferentes setores de atividade econômica de um país (ILO, 1971): o índice de frequência e o índice de gravidade.
Já a NBR n. 14280/2001, Cadastro de Acidentes de Trabalho – Procedimento e Classificação (ABNT, 2001), sugere a construção dos seguintes indicadores: taxas de frequência (total, com perda de tempo e sem perda de tempo de atividade), taxa de gravidade e medidas de avaliação da gravidade (número médio de dias perdidos em consequência de incapacidade temporária total, número médio de dias perdidos em consequência de incapacidade permanente,

e tempo médio computado). Vários estudos elaborados por especialistas sugerem, ainda, a adoção de um indicador que permita avaliar o custo social dos acidentes do trabalho.

É importante ressaltar que a recomendação internacional é que, no cálculo dos indicadores, devem ser incluídos os acidentados cuja ausência da atividade laborativa tenha sido igual ou superior a uma jornada normal, além daqueles que exercem algum tipo de trabalho temporário ou informal, situação em que o acidentado não se ausenta formalmente do trabalho, porém fica impedido de executar sua atividade habitual.

Os indicadores de acidentes do trabalho, além de fornecerem indícios para a determinação de níveis de risco por área profissional, são de grande importância para a avaliação das doenças profissionais. Além disso, são indispensáveis para a correta determinação de programas de prevenção de acidentes e consequente melhoria das condições de trabalho no Brasil. Alguns indicadores são de interesse especial para a área de saúde do trabalhador (tais como a taxa de mortalidade e a taxa de letalidade). Outros são vitais para o estabelecimento de ações de controle por parte do Ministério do Trabalho e Emprego (como, por exemplo, a incidência acumulada). O objetivo deste trabalho é buscar um conjunto de indicadores que combine a frequência e a gravidade dos acidentes, bem como o custo gerado com o pagamento de benefícios pela Previdência Social.

Desta forma, dentre uma série de indicadores existentes, pelo menos dois são básicos para análise: taxa de frequência e taxa gravidade. A seguir é definida a conceituação e a metodologia de cálculo adotada para cada um destes indicadores, considerando as peculiaridades dos dados disponíveis sobre acidentes do trabalho no Brasil, e os objetivos de avaliação e controle dos acidentes, e o reenquadramento das atividades econômicas por grau de risco.

6.2.1 Taxa de Freqüência (T_f)

A Taxa de Freqüência (T_f) mede o número de acidentes, ocorridos para cada 1.000.000 de homens-horas trabalhadas, podendo ser escrito como

$$T_f = \frac{\text{Número total de acidentes de trabalho}}{\text{HHT}} * 1.000.000$$

Onde HHT representa o número total de homens-horas trabalhadas, sendo calculado pelo somatório das horas de trabalho de cada pessoa exposta ao risco de se acidentar, aproximado pelo produto entre o número de trabalhadores, jornada de trabalho diária, e número de dias trabalhados no período em estudo, ou seja;

Número de trabalhadores * 8 horas/dia * Número de dias trabalhados no período considerado.

O número de trabalhadores é obtido a partir do número médio de vínculos no ano. Desta forma, pessoas que mantiveram o vínculo empregatício ao longo dos 12 meses do ano, contribuem com uma unidade na média, enquanto que aquelas que trabalharam apenas uma quantidade y de meses, contribuem com $y/12$ unidades na média, garantindo a correta mensuração de exposição ao risco. A informação de número de dias trabalhados no período considerado deve ser estimada. Foi utilizada uma média de 22 dias úteis como estimativa de dias trabalhados por mês. Como o período de análise considerado é anual, o total de dias trabalhados adotado foi de 264, ou seja, 12 meses no ano * 22 dias por mês = 264 dias.

6.2.2 Taxa de Gravidade (T_g)

A Taxa de Gravidade (T_g) mede a intensidade de cada acidente ocorrido, a partir da duração do afastamento do trabalho, permitindo obter uma indicação da perda laborativa devido à incapacidade, sendo dado por

$$T_g = \frac{\text{Número total de dias perdidos} + \text{Número total de dias debitados}}{\text{HHT}} * 1.000.000$$

Segundo a OIT, esse indicador deve ser multiplicado por 1.000 (ILO, 1971), tal como apresentado acima. A NBR n. 14280/2001, Cadastro de Acidentes de Trabalho – Procedimento e Classificação (ABNT, 2001), por outro lado, recomenda a multiplicação por 1.000.000. A metodologia sugerida pela OIT foi a adotada, por gerar índices de gravidade da mesma ordem de grandeza que os índices de frequência.

É recomendado que no numerador fossem computados os dias perdidos em função de todos os acidentes ocorridos no período, incluindo os afastamentos por menos de 15 dias e o tempo de permanência como beneficiário de auxílio-doença. Além disso, devem ser computados os dias perdidos em função de acidentes que causaram a morte, a incapacidade total permanente e a incapacidade parcial permanente. Neste último caso, o cálculo do número de dias perdidos deve seguir normas preestabelecias.

Segundo a 6ª Conferência Internacional de Estatísticas do Trabalho, realizada em 1947, cada acidente que resultasse na morte ou na incapacidade total permanente deveria ser computado como 7.500 dias de trabalho perdidos. Entretanto, o cálculo desse índice não era feito uniformemente. Cada país utilizava um fator para cálculo dos dias perdidos. Desta forma, a 10ª Conferência Internacional de Estatísticas do Trabalho determinou que futuras pesquisas deveriam ser elaboradas a fim de fixar um parâmetro para uso internacional (ILO, 1971).

A NBR n. 14280/2001, Cadastro de Acidentes de Trabalho – Procedimento e Classificação (ABNT, 2001), determina que cada ocorrência de morte ou incapacidade permanente total seja computada como equivalente a 6.000 dias de trabalho perdidos. Este é o critério adotado pela grande maioria dos países, tal como propõe o *American National Standards Institute* (Instituto Nacional de Padrões Americanos) e foi o critério aqui considerado na metodologia de cálculo do índice de gravidade. É importante destacar, entretanto, que esse valor foi obtido a partir de uma estimativa conjunta entre duas variáveis: idade ao se acidentar e expectativa média de vida. Com a recente queda da mortalidade verificada na população, e os consequentes ganhos na expectativa de vida, poderia ser avaliada, em um futuro próximo, a possibilidade de revisão desse valor.

Em caso de incapacidade parcial permanente, os dias a debitar, segundo a NBR n. 14280/2001, Cadastro de Acidentes de Trabalho – Procedimento e Classificação (ABNT, 2001), devem obedecer a critérios pré-definidos conforme a parte do corpo atingida, ainda que o número de dias realmente perdidos seja maior ou menor do que o número de dias a debitar, ou até mesmo quando não haja dias perdidos. Entretanto, a contabilização das causas da incapacidade parcial permanente, com o nível de detalhe proposto pela NBR n. 14280/2001, Cadastro de Acidentes de Trabalho – Procedimento e Classificação (ABNT, 2001) demandariam tabulações extremamente complexas. Por outro lado, a escolha a priori de um valor médio a ser atribuído para todos os casos de incapacidade parcial permanente poderia gerar distorções. O ideal seria a elaboração de um estudo que subsidiasse essa escolha.

Bons resultados dos indicadores não bastam para dar evidências de um sistema sólido, como pode ser visto tomando a Taxa de Frequência como exemplo. É necessário também que os resultados do nível de implementação do sistema atinjam excelentes níveis, e esses resultados são verificados através de auditorias eficazes.

6.2.3 Taxa de Implementação (T_i)

Esta taxa tem como objetivo avaliar a efetividade das ações preventivas e corretivas no gerenciamento dos riscos no ambiente de trabalho, considerando a teoria de prevenção de perdas estabelecida nos conceitos da pirâmide de segurança.

Esta taxa também tem como intuito medir o esforço de resolução dos atos e das condições inseguras levantadas na empresa. De acordo com o conceito prevencionista da Pirâmide de Segurança, especificamente da pirâmide ICNA (Insurance Company of North America), que trabalha com, esta taxa tem como principal intuito medir o esforço prevencionista da empresa em atuar na base da Pirâmide de Segurança, ou seja, medir a atuação prevencionista na resolução dos atos e condições inseguras levantadas no período.

$$TI = (\text{Total de atos e condições inseguras resolvidas} / \text{Total de atos e condições inseguras levantadas} * 100) * RP$$

Considerando o conceito prevencionista da Pirâmide de Segurança, este item da fórmula refere-se ao total de atos e condições inseguras levantadas no período, por ferramentas de prevenção, tais como relato de atos e condições inseguras, inspeções de segurança, auditorias comportamentais pela liderança, inspeções da CIPA e etc... O ponderador RP: Relação com a Pirâmide foi incluído para assegurar a abrangência e a relação de probabilidade estabelecida na pirâmide de segurança.

6.2.4 Fator de Risco (Fr)

Refere-se ao nível de tolerabilidade, aceito para o risco, comparado com a situação atual do risco e, consequentemente, da atividade, da tarefa, do processo, do departamento e da empresa, conforme avaliado. Permite ampliar o conceito de tolerabilidade individual de um risco para a dimensão gerencial de tolerabilidade, seja da tarefa, da atividade, do processo e da organização. O calculo é realizado dividindo a Pontuação de Risco Atual – PRA, obtido pela situação real dos riscos identificados, pela situação ideal de risco, ou seja, pela Pontuação de Risco Padrão – PRP, considerando o nível de tolerabilidade definindo para cada risco individualmente.

A PRA – Pontuação de Risco Atual de cada processo refere-se ao somatório do resultado entre o número de riscos identificados em cada uma das classes, multiplicado pelos ponderadores daquela classe, conforme Tabela 1 – Critérios das classes de riscos. Se o número de riscos de uma classe de risco, puder ser representado por N, sendo N a classe de riscos e o ponderador representado por P, o PRA – Pontuação de Risco Atual pode ser representada pela equação abaixo, sendo Na (Risco Intolerável), Nb (risco substâncial), Nc (risco moderado), Nd (risco tolerável) e Ne (risco trivial).

$$PRA = (N_a \times P_a) + (N_b \times P_b) + (N_c \times P_c) + (N_d \times P_d) + (N_e \times P_e)$$

O calculo da PRP – Pontuação de Risco Padrão, que representa a pontuação associada à situação de conforto em termo de risco, desta forma, obtendo-se os valores do PRA – Pontuação de Risco Atual e o valor correspondente a situação ideal da PRP – Pontuação de Risco Padrão. O quociente entre o PRA - Pontuação de Risco Atual e a PRP – Pontuação de Risco Padrão, determinando assim o FR – Fator de Risco, representada na equação abaixo:

$$FR = PRA/PRB$$

6.2.5 Índice de Comportamento Seguro (I_{cs})

Um programa de comportamento seguro deve possuir um indicador preventivo que demonstre a relação dos tipos de desvios comportamentais existentes, enfatizando aqueles desvios com maior potencial de provocar um acidente, incluindo níveis de gravidade, através da definição de pesos, que possam ponderar adequadamente os níveis de desvios comportamentais. Além disso, este indicador também deverá considerar a abrangência das observações comportamentais, ou seja, a quantidade de pessoas observadas, assegurando desta forma a representatividade das observações e dos registros, fundamental para a determinação assertiva de um perfil de comportamentos inseguros à serem combatidos, assim como, de comportamentos seguros à serem reforçados. A equação – Calculo do ICS – Índice de Comportamento Seguro, relacionando com a Tabela 7 – Classificação do ICS – Índice de Comportamento Seguro , demonstrará de forma abrangente e representativa o nível de comportamento seguro que determinado processo, tarefa ou atividade apresenta.

$$Ics = 100 - [(\sum D*P)/N)*100]$$

D = n° de desvios

P = peso dos desvios

N = no. de pessoas observadas

Unidade de medida = %

Equação – Calculo do ICS – Índice de Comportamento Seguro

Tabela 7 - Classificação do ICS – Índice de Comportamento Seguro

I$_{CS}$ OBTIDO (%)	CLASSIFICAÇÃO
I$_{CS}$ > 80,0	Ótimo
75,0 < I$_{CS}$ = 80,0	Muito Bom
70,0 < I$_{CS}$ = 74,9	Bom
60,0 < I$_{CS}$ = 69,9	Regular
I$_{CS}$ < 60,0	Fraco

Fonte: PD4018 – Observação de Risco de Trabalho (ORT´s) – Empresa Y(2016)

Índice de Investigação Acidentes e Quase Acidentes (8D) ($II_{aqa\text{-}8D}$)

Este indicador tem como objetivo demonstrar a aplicação efetiva de um método de investigação de acidentes, que no caso deste trabalho adotou-se a utilização do método Oito dimensões (8D), no qual inclui dentre as 8 dimensões a análise da causa raiz. Este indicador abrange a aplicação da investigação de acidentes para os acidentes com afastamento, sem afastamento e quase acidentes, ou seja, embora o mesmo possa parecer um indicador reativo, pois é usado em ocorrências, ou seja, uma reação ao que já ocorreu, o mesmo, na verdade, foi criado para medir o esforço da empresa em aplicar um método sistemático de investigação, ou seja, um método científico, para encontrar as causas do acidente e quase acidente, por consequência um plano de ação para combater estas causas de forma eficiente, assim como o estabelecimento de abrangência destas ações para casos semelhantes, evitando assim o uso de achismo (método empírico), que dificilmente combaterá as causas do acidente. Em última análise conclui-se que este indicador tem uma característica preventiva.

$$IIAQA8D = \left[\frac{N^{\circ}\ 8D\ IACA+ASA\ *0,5}{N^{\circ}\ Total\ ACA+ASA} + \frac{N^{\circ}\ 8D\ IQA\ *0,5}{N^{\circ}\ Total\ IQA} \right] \times 100$$

- IIAQA: Índice de Investigação de Acidentes e Quase Acidentes – 8D
- N°8D ACA-ASA: Número de Investigações de Acidentes Com Afastamento e Acidentes Sem Afastamento – 8D realizadas;
- N° Total ACA+ASA: Número total de ocorrências Acidentes Com Afastamento + Acidentes Sem Afastamento
- N°8D IQA-8D: Número de Investigação de Quase Acidentes – 8D realizadas;
- N° QA: Número total de Quase Acidentes

6.2.6 IDS – Índice de Desempenho de Segurança

O IDS – Índice de Desempenho de Segurança abrange os indicadores de prevenção e de reação de um Sistema de Gestão de SSO, porém, é importante salientar que o seu principal objetivo é medir o esforço de prevenção da empresa, desta forma, o IDS – Índice de Desempenho de Segurança, foi criado como indicador consolidador dos demais indicadores de SSO existentes, o qual demonstrará o desempenho de SSO da empresa, de tal maneira, que traduzirá o esforço de prevenção da empresa, aliado aos resultados de ocorrências de acidentes do trabalho. Como citado anteriormente, o IDS – Índice de Desempenho de Segurança tem como premissa medir o esforço de prevenção da empresa, sendo assim, os indicadores que compõe o IDS está distribuído assim, 80% indicadores preventivos e 20% indicadores reativos. Outro ponto a destacar do IDS – Índice de Desempenho de Segurança, é que o mesmo foi criado, pensando principalmente, em ser abrangentes as principais práticas preventivas da empresa, sendo que cada um dos indicadores que o compõe, possui um critério próprio sobre a sua escala de pontuação.

$$IDS = \frac{(TI*20) + (ICS*20) + (FR*20) + (IIAQA*20) + ((TF+TG)*20)}{100}$$

Na equação – Calculo do IDS – Índice de Desempenho de Segurança, está demonstrado como equação considera os indicadores preventivos e reativos do

Sistema de Gestão de SSO. Já na Figura 16 – Critério de pontuação dos indicadores que compõe o IDS está demonstrado às faixas de pontuação de cada um dos indicadores.

Figura 16 - Critério de pontuação dos indicadores que compõe o IDS

IDS	Classificação
<= 50	Péssimo
>= 50 < 60	Regular
>= 60 < 70	Regular
>= 70 < 80	Bom
>= 80 < 90	Bom
>= 90	Ótimo

TI	Pontuação
<= 50	0
>= 50 < 60	20
>= 60 < 70	40
>= 70 < 80	60
>= 80 < 90	80
>= 90	100

IIAQA	Pontuação
<= 50	0
>= 50 < 60	20
>= 60 < 70	40
>= 70 < 80	60
>= 80 < 90	80
>= 90 < 99	90
100	100

FR	Pontuação
>= 30	0
<= 25 < 30	20
<= 20 < 25	40
<= 15 < 20	60
<= 10 < 15	80
<= 5 < 10	90
<= 1,1 < 5	95
<= 1,0	100

TF e TG	Pontuação
> meta	0
< = meta	100

ICS	Pontuação
<= 60	0
>= 60 < 70	25
>= 70 < 75	50
>= 75 < 80	75
<= 80	100

Fonte: Elaborado pelos autores (2018)

7 ETAPA 5: SISTEMA DE GESTÃO PLENAMENTE IMPLANTADO

A norma ISO 45001:2018 - Sistemas de gestão de segurança e saúde ocupacional - Requisitos com orientação para uso (ISO, 2018), descreve que o propósito de um sistema de gestão de SST. O objetivo e os resultados pretendidos do sistema de gestão SST são prevenir lesões e doenças relacionadas ao trabalho dos trabalhadores, e proporcionar locais de trabalho seguros e saudáveis; consequentemente, é extremamente importante para organização eliminar os perigos e minimizar os riscos de SST, tomando medidas de prevenção e de proteção eficazes.

O modelo de Sistema de Gestão de SSO proposto neste trabalho consiste em uma estrutura de implantação em etapas, ou seja, etapas que estão relacionadas diretamente com a fase cultural de segurança que a empresa se encontra, que podem ser classificadas em: reativa, preventiva e proativa.

A empresa que se encontra na fase reativa de segurança, apresenta práticas e procedimentos com características de iniciais de segurança, ou seja, os procedimentos e condutas ainda estão relacionados a reações a ocorrências de acidentes, conforme as mesmas acontecem ao acaso, estas são estudadas e tomadas de medidas, principalmente de correções, de forma a corrigir situações que causaram determinado acidente ou outro tipo de perda. Esta fase esta relacionada a implantação da Etapa 1 – Metodologia de investigação de acidentes e quase acidentes, o qual para considerar esta etapa aprovada. A empresa deverá, num período mínimo de 6 meses, atingir um indicador de aprovação de 90 para o IIAQA – Índice de investigação de acidentes e quase acidentes.

A empresa atinge a fase preventiva, quando possui procedimentos e práticas voltados a prevenir ocorrências de acidentes, com foco em eliminar ou minimizar condições e atos inseguros, também considerados abaixo do padrão, através de métodos e ferramentas sistemáticas. Nesta fase tem-se a implantação da Etapa 2 – Levantamento de Perigos e Riscos Ocupacionais, a qual refere-se a identificação dos perigos e dos riscos ocupacionais, com o foco principal em eliminar ou reduzir as condições inseguras. Para a aprovação desta etapa, a empresa deverá ter implantado a LPRO – Levantamento de Perigos e Riscos Ocupacionais em toda a planta e possuir um Fator de Risco <= 10. Porém, a empresa não deverá ter nenhum risco classificado como intolerável e/ou substancial.

Ainda nesta fase, ocorre a implantação da Etapa 3 – Programa de Comportamento Seguro, o qual terá como foco, através da liderança da empresa, pelas observações de segurança, a correção dos comportamentos inseguros, assim como do reforço dos comportamentos seguros, buscando a redução do potencial de ocorrências de acidentes, causados por comportamentos inseguros. Para considerar etapa como aprovada, a empresa deverá ter um Programa de Comportamento Seguro implantado e atingir um resultado de ICS: Índice de Comportamento Seguro >= 80.

Na fase proativa, a empresa consegue demonstrar práticas e procedimentos da participação ativa dos níveis operacionais, ou seja, os mesmos participam ativamente na construção de um ambiente mais seguro. Esta participação pode ser verificada nos relatos de atos e condições inseguras, sugestões de melhoria nas condições de trabalho, realização de inspeções nos postos de trabalho e/ou aplicação de avaliação preliminar de risco, entre outras formas de participação, tais como comitês de segurança, assim como, o incentivo ao reconhecimento aos funcionários que mais contribuem com a segurança no ambiente de trabalho. Esta fase esta relacionada a etapa 4 – Inspeções autônomas pelos operadores, o qual envolve de forma bastante proativa todos nos níveis operacionais, seja de forma sistemática, ou através de programas que incentivam sua participação. Para que a etapa 4 possa ser considerada aprovada, deve ser efetivamente implantada uma sistemática de inspeção de segurança nos postos de trabalho, ou avaliações preliminares de risco para a realização das atividades. Também deve ser implantado um programa efetivo de incentivo e participação dos operadores em sugestões, ou até mesmo em projetos que busquem melhorias das condições de segurança no trabalho. Além da implantação e da avaliação da efetividade destas metodologias proativas de segurança, a empresa também deverá atingir a meta da TI: Taxa de Implementação, que deverá ser >= 90.

Todavia, para a empresa conquistar a graduação ouro, ele deverá implantar e ter aprovado a etapa 5 – Sistema de Gestão de SSO plenamente implantado, ou seja, depois da empresa ser aprovada na etapa 4, a mesma também deverá ter um Sistema de Gestão de Saúde, Segurança Ocupacional implantado e certificado, por um órgão certificador reconhecido, aprovado pelo INMETRO ou similar internacional.

A figura 17 ilustra as 5 etapas propostas, suas metodologias e indicadores e metas necessários para que empresa seja aprovada em cada etapa e conquiste a graduação em função do nível que se encontra.

Figura 17 - As 5 etapas de um Sistema de Gestão de Saúde, Segurança Ocupacional

Fonte: Elaborado pelos autores (2018)

O Gráfico 8 ilustra o avanço na implantação das etapas em relação aos resultados obtidos pela empresa.

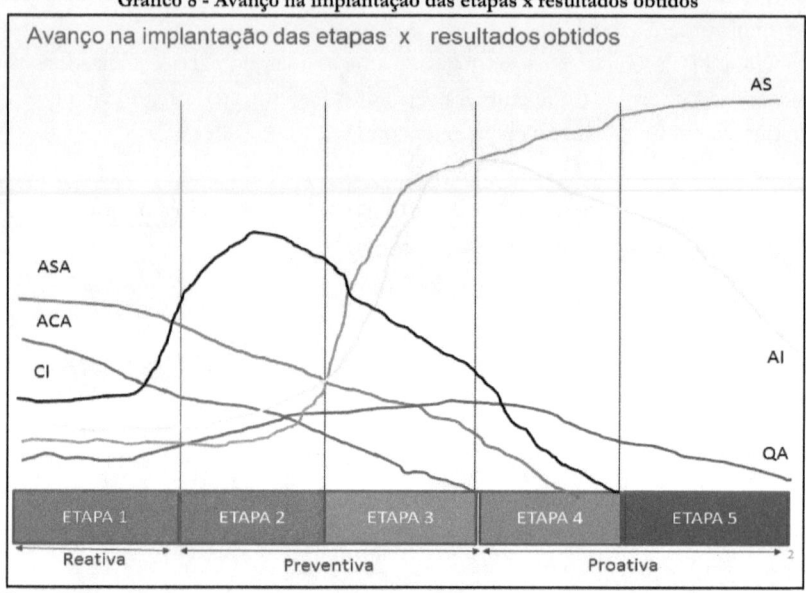

Gráfico 8 - Avanço na implantação das etapas x resultados obtidos

Fonte: Elaborado pelos autores (2018)

Condição Insegura (CI): Geralmente é pouco identificada na etapa 1, aumentando substancialmente na etapa 2. Também devem ser encontrados em menor número nas etapas 3 e 4. Deve zerar na etapa 4;
Acidente com Afastamento (ACA): Geralmente ocorrem com maior frequência nas etapas 1 e 2 e tendem a zerar com a implantação da etapa 3;
Acidente sem Afastamento (ASA): Geralmente ocorrem com maior frequência nas etapas 1 e 2, diminuem substancialmente após a implantação da etapa 3, tendem a zerar na etapa 4;
Quase Acidente (QA): Geralmente são identificados alguns nas etapas 1 e 2, tendem a aumentar na etapa 3 e reduzir na etapa 4, deve zerar na etapa 5;
Atos Inseguros (AI): Geralmente poucos são identificados nas etapas 1 e 2, aumentando substancialmente na etapa 3. Após a implantação da etapa 3, tendem a diminuir na etapa 4, reduzindo significamente na etapa 5.
Atos Seguros (AS): Raramente são encontrados nas etapas 1 e 2, aumenta significativamente na etapa 3, mantendo se nas etapas 4 e 5;

8 CONSIDERAÇÕES FINAIS

O modelo proposto neste trabalho busca assegurar a profundidade do sistema, haja vista, que a implantação deste modelo está relacionado a um aumento no amadurecimento da cultura de prevenção de acidentes, ou seja, que avance, a medida que atinja níveis lógicos de consistência de amadurecimento sistêmico, ou seja, neste sequência: primeiro reagir as ocorrências de forma a não permitir que elas ocorram novamente e tirar aprendizado com elas, depois prevenir, antes mesmo que elas ocorram, e por fim, que iniciativas de pró atividade sejam incentivadas, reconhecidas e permeadas em todos níveis da organização em favor da cultura de prevenção de acidentes.

Através dos estudos de casos apresentados, buscou-se demonstrar que para cada uma das etapas propostas metodologias deverão ser implantadas adequadamente, reconhecidamente eficientes para o que se propõe, suportando cada uma das etapas propostas: REAÇÃO - Metodologia de investigação de acidentes e quase acidentes, PREVENÇÃO – Metodologia de LPRO – Levantamento de Perigos e Riscos Ocupacionais e PRÓ-AÇÃO – Programa de Comportamento Seguro;

Para cada uma destas etapas, os indicadores preventivos e reativos estão ligados as metodologias, os quais foram definidos de tal forma a mensurar de forma assertiva, com o mínimo de subjetividade possível, de tal maneira, que permita avaliar e estabelecer a graduação que o sistema de gestão se encontra, sendo esta graduação, compatível com o nível de maturidade e resultados da empresa no que ser refere ao tema segurança do trabalho.

O modelo dinâmico de sistema de gestão de saúde e segurança ocupacional proposto é uma alternativa para as empresas terem um sistema de gestão com uma estrutura baseada em pilares que sustentam a eficiência do mesmo, onde poderão ter uma noção clara da relação entre o nível de implantação do sistema versus resultados atingidos e sua consistência.

Após cumprirem satisfatoriamente as etapas e os indicadores definidos neste trabalho, as empresas poderão buscar com tranquilidade a certificação de seu Sistema de Gestão de SSO, pois a mesma se encontrará muito bem preparada e em um nível avançado de maturidade da cultura de prevenção de acidentes em todos os seus níveis.

9 REFERÊNCIAS

ALBERTON, A. Uma metodologia para auxiliar no gerenciamento de riscos e na seleção de alternativas de investimentos em segurança. Dissertação (Mestrado), Florianópolis, Universidade Federal de Santa Catarina, 1996.

ASSOCIAÇÃO BRASILEIRA DE NORMAS TÉCNICAS – ABNT, **Cadastro de acidentes do trabalho** – Procedimento e classificação – NBR 14280, Rio de Janeiro, 2001.

ASSOCIAÇÃO BRASILEIRA DE NORMAS TÉCNICAS – ABNT, **Sistema de gestão de saúde e segurança ocupacional** – requisitos- NBR ISO 45001, Rio de Janeiro, 2018.

BIRD JR., Frank E. & GERMAIN, George L. **Damage control:**_ a new horizon in accident prevention and· cost· improvement. New York, AMA, 1968.

BLEY, J. Z. **Variáveis que caracterizam o processo de ensinar comportamentos seguros no trabalho.** Dissertação (Mestrado em Psicologia), Universidade Federal de Santa Catarina, Florianópolis, 2004.

BOTOMÉ, S. P. **Sobre a noção de comportamento.** In: FELTES, H. P.; ZILLES, U. Filosofia: diálogos e horizontes. Porto Alegre: EDIPUCRS, 2001. p. 687-708.

BRANDÃO, F. E. R. Metodologia de gestão do comportamento seguro aplicada na redução dos acidentes de trabalho. Rio de Janeiro, UERJ, Dissertação de Mestrado, 2009.

BRASIL. Ministério da Fazenda. Secretaria de Previdência. **Dados abertos – Saúde e segurança do trabalhador.** Disponível em: <http://www.previdencia.gov.br/dados-abertos/dados-abertos-sst/> Acesso em Mai. 2018.

BRASIL. Ministério do Trabalho. **Norma Regulamentadora Nº 17 – Ergonomia.** Disponível em: < http://trabalho.gov.br/seguranca-e-saude-notrabalho/normatizacao/normas-regulamentadoras/norma-regulamentadora-n-17-ergonomia> Acesso em: set. 2018.

BRASIL. Decreto-Lei n. 3.048 de 06 de maio de 1999. **Regulamento da previdência social.** Disponível em: <http://sislex.previdencia.gov.br/ > Acesso em: mai. 2018.

BRASIL. Lei n. 8.213 de 24 de julho de 1991. **Da finalidade e dos princípios básicos da previdência social.** Disponível em: <http://sislex.previdencia.gov.br/paginas/42/1991/8213.htm> Acesso em: Mai. 2018.

BRITISH STANDARDS INSTITUTION. **Occupational Health and Safety Management Systems: requirements.** OHSAS Project Group-British Standards Institution, 2007. 34 p.

BRITISH STANDARDS INSTITUTION – BSI, Occupational health and safety management systems – BS 8800, London, 1996.

DE CICCO, Francesco M.G.A.F & FANTAZZINI, Mario Luiz. **Prevenção e controle de perdas** – uma abordagem integrada. Fundacentro. São Paulo. 1993.

FLETCHER, John A. & DOUGLAS, Hugh M. **Total environmental control.** Ontario: National Profile, 1970, p.161.

GARCÍA, Francisco Martinez. **Los riesgos en la empresa moderna.** Gerencia de Riesgos, Fundacion MAPFRE Studios, v.l 1, n.44, p.25-36, 1994a.

GELLER, E. S. **Psychology of safety handbook.** Boca Raton, USA: Lewis Publishers, 2002.

HAMMER, Willie. **Handbook of System and Product Safety.** Englewood Cliffs: PrenticeHall, 1972.

HEINRICH, H.W. **Prevencion de accidentes industriales.** México, McGraw-Hill, 1960.

HEMÉRITAS, Ademar Batista. **Organização e normas**. São Paulo, Atlas, 1981 p.89-104,

INTERNATIONAL LABOR ORGANIZATION – **ILO**. - <http://www.ilo.org/global/topics/safety-and-health-at-work/lang--en/index.htm> acesso em: Jun. 2018

INTERNATIONAL LABOR ORGANIZATION – ILO. **ILO-OSH 2001** – Guidelines on occupational safety and health management systems. Geneva, 2001.

ISHIKAWA, Kaoru. **Controle de Qualidade Total à maneira Japonesa:** 2a Edição, Belo Horizonte, Editora: Campus, 1993.

LAKATOS, E.; MARCONI, M. A. **Fundamentos de metodologia científica**. 6. ed. São Paulo: Atlas, 2005.

LAPA, R. P. **Metodologia de identificação de perigos e avaliação de riscos ocupacionais**. Dissertação (Mestrado), São Paulo, Escola Politécnica da Universidade de São Paulo, 2006.

MARCHINI, L. R. **Disciplina 8D**. Disponível em: <http://lodineimarchini.no.comunidades.net/metodologia-8d> Acesso em mai/2018.

MASLOW, A. H. **Motivation and Personality**. New York: Harperg Row, 1970.

NETO, TAVARES, HOFFMANN. **Sistema de gestão integrados**. 2ª Edição Revista e Ampliada, São Paulo, Editora SENAC São Paulo: 1998.

OHNO, Taiichi. O Sistema Toyota de Produção: Além da produção em larga escala. Porto Alegre: Editora Bookman, 1997.

OLIVEIRA, M. M. **Como fazer pesquisa qualitativa.** Petrópolis, Vozes, 2007.

OLIVEIRA, S. G. Proteção Jurídica à saúde do trabalhador. São Paulo: LTr, 2010.

PERDUE, S. R. **Beyond Observation and Feedback:** Integrating Behavioral Safety Principles Into Other Safety Management Systems. American Association of Safety Engineers, 2000.

PINTO, E. N. F., SÁ, V.C. **A** gestão de pessoas e o processo de implantação da OHSAS 18001: um estudo de caso. In: Simpósio de Engenharia de Produção, 2007, Bauru. **Anais eletrônicos...**Bauru: UNESP, 2007 http://www.simpep.feb.unesp.br/anais_simpep.php?e=1. Acesso em: junho/2018.

REASON, J. **Human Error.** Cambridge: Cambridge University, 1990.

SALIBA, Tuffi Messias. **Curso Básico de Segurança e Higiene Ocupacional.** 2. ed. São Paulo: LTR. 2010.

SELL, Ingeborg. **Gerenciamento de riscos.** Apostila do Curso de Especialização em Engenharia de Segurança do Trabalho. Florianópolis: FEESC,1995.

TAVARES, J.C. **Noções de prevenção e controle de perdas em segurança do trabalho.** 7a Edição, São Paulo, Editora SENAC São Paulo: 2009.

TURBAY, J. C. F. **Tipos de ações possíveis depois do processo observação comportamental para segurança.** Porto Alegre, Prevensul - Seminário de Saúde, Segurança e Higiene do Trabalho, 2007.

WERKEMA, M.C.C. **Criando a Cultura Seis Sigma.** Rio de Janeiro: Editora Qualitymark, 2002.

ZOCCHIO, Alvaro. **Prática da Prevenção de Acidentes**: ABC da segurança no trabalho. 7a Edição Revista e Ampliada, São Paulo: Atlas, 2002.

10 APÊNDICE A - TERMOS E DEFINIÇÕES

Acidente: Evento não planejado podendo resultar em morte, doença, danos e outras perdas.

Doenças ocupacionais: Doenças que foram julgadas terem sido causadas ou agravadas pela atividade do trabalho ou de seu ambiente.

Auditoria: Um exame sistemático e independente para determinar se as atividades e seus resultados estão de acordo com as disposições planejadas, se estas foram implementadas com eficácia e se são adequadas à consecução da política e objetivos da organização.
Nota: A palavra "independente" não significa necessariamente "externa à organização".

Fatores externos: Forças fora de controle da organização que afetam questões de segurança e saúde e necessitam ser levadas em conta dentro de um apropriado período. Por exemplo: legislação, normas industriais.

Fatores internos: Forças dentro da organização que podem afetar sua capacidade de atender a política de saúde e segurança. Por exemplo: reorganização interna, cultura.

Sistema de gerenciamento: Uma composição, a um dado nível de complexidade, de pessoal, recursos, políticas e procedimentos, componentes estes que interagem de um modo organizado para garantir que uma dada tarefa seja desempenhada, ou para alcançar ou manter uma saída especificada.

Organização: Uma companhia, operação, firma, empresa, instituição ou associação, ou sua parte, incorporada ou não, pública ou privada, que tem sua própria função e administração. Para organizações com mais de uma unidade operando, esta pode ser definida como organização.

Meta: Um requisito de desempenho detalhado, quantificado sempre que possível pertencente à organização, proveniente dos objetivos da segurança e saúde e que necessita ser atendido a fim de alcançar aqueles objetivos.

Causa: É a origem de caráter humano ou material relacionado com o evento catastrófico (acidente ou falta) resultante da materialização de um risco, provocando danos.

Perda: É o prejuízo sofrido por uma organização sem garantia de ressarcimento através de seguros ou por outros meios.

Segurança: É a situação em que haja isenção de riscos. Como a eliminação completa de todos os riscos é praticamente impossível, a segurança passa a ser um compromisso acerca de uma relativa proteção da exposição aos riscos. É o antônimo de perigo.

Quase acidente: é qualquer evento ou fato negativo com potencialidade para provocar dano. Também chamados quase acidentes, caracterizam uma situação em que não há danos macroscópicos ou visíveis. Dentro dos incidentes críticos estabelece-se uma hierarquização, na qual se basearão as ações prioritárias de controle. Na escala hierárquica receberão prioridade aqueles incidentes críticos que, por sua ocorrência, possam afetar a integridade física dos recursos humanos do sistema de produção.

Risco: Como sinônimo de Hazard: Uma ou mais condições de uma variável com potencial necessário para causar danos como: lesões pessoais, danos a equipamentos e instalações, danos ao meio-ambiente, perda de material em processo ou redução da capacidade de produção. A existência do risco implica na possibilidade de existência de efeitos adversos. - Como sinônimo de Risk: Expressa uma probabilidade de possíveis danos dentro de um período específico de tempo ou número de ciclos operacionais, podendo ser indicado pela probabilidade de um acidente multiplicada pelo dano em valores monetários, vidas ou unidades operacionais. Risco pode ainda significar: incerteza quanto à ocorrência de um determinado evento (acidente); - chance de perda que uma empresa pode sofrer por causa de um acidente ou série de acidentes.

Risco Puro: É o resultado obtido por meio do produto da taxa de Frequencia/Probabilidade x Gravidade, considerando-se os riscos antes da aplicação de quaisquer controles.

Risco Residual: É o resultado obtido após a aplicação dos controles. É obtido a partir da aplicação dos critérios estabelecidos de redução de riscos por controle implantado.

Perigo: Como sinônimo de Danger, expressa uma exposição relativa a um risco que favorece a sua materialização em danos. Se existe um risco, face às precauções tomadas, o nível de perigo pode ser baixo ou alto, e ainda, para riscos iguais podem-se ter diferentes tipos de perigo.

Dano: É a gravidade da perda, seja ela humana, material, ambiental ou financeira, que pode ocorrer caso não se tenha controle sobre um risco. O risco (possibilidade) e o perigo (exposição) podem manter-se inalterados e mesmo assim existir diferença na gravidade do dano.

Ato inseguro: São comportamentos emitidos pelo trabalhador que podem levá-lo a sofrer um acidente. Os atos inseguros são praticados por trabalhadores que desrespeitam regras de segurança, que não as conhecem devidamente, ou ainda, que têm um comportamento contrário à prevenção.

Condição Insegura: São deficiências, defeitos ou irregularidades técnicas na empresa que constituem riscos para a integridade física do trabalhador, para sua saúde e para os bens materiais da empresa. As condições inseguras são deficiências como: defeitos de instalações ou de equipamentos, a falta de proteção em máquinas, má iluminação, excesso de calor ou frio, umidade, gases, vapores e poeiras nocivos e muitas outras condições insatisfatórias do próprio ambiente de trabalho.

SOBRE OS AUTORES

João Ronaldo Antônio –Engenheiro de Produção, Mestre em Processos Tecnológicos e Ambientais. / e-mail: joao.ronal.a@outlook.com

Daniel Bertoli Gonçalves – Engenheiro Agrônomo, Mestre em Desenvolvimento Econômico, Espaço e Meio-Ambiente, Doutor em Engenharia de Produção; Professor e Pesquisador do Programa de Pós-Graduação em Processos Tecnológicos e Ambientais da Universidade de Sorocaba. / e-mail: danielbertoli@prof.uniso.br

www.ingramcontent.com/pod-product-compliance
Lightning Source LLC
Chambersburg PA
CBHW030719220526
45463CB00005B/2115